KB178981

퀴네가 들려주는 효소 이야기

퀴네가 들려주는 효소 이야기

초　판　1쇄 발행일 | 2006년 5월 24일
개정판　1쇄 발행일 | 2010년 9월 1일
개정판 12쇄 발행일 | 2021년 5월 28일

지은이 | 이홍우
펴낸이 | 정은영
펴낸곳 | (주)자음과모음

출판등록 | 2001년 11월 28일 제2001-000259호
주　　소 | 04047 서울시 마포구 양화로6길 49
전　　화 | 편집부 (02)324-2347, 경영지원부 (02)325-6047
팩　　스 | 편집부 (02)324-2348, 경영지원부 (02)2648-1311
e-mail | jamoteen@jamobook.com

ISBN 978-89-544-2083-9 (44400)

• 잘못된 책은 교환해드립니다.

퀴네가 들려주는

효소 이야기

| 이흥우 지음 |

(주)자음과모음

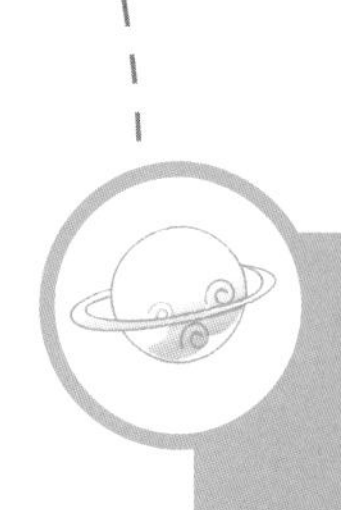

| 책머리에 |

우리의 생명을 지탱해 주는 '효소' 이야기

우리가 밥을 먹고 나서 에너지를 얻기 위해서는 먼저 소화 과정을 거칩니다. 소화된 영양소는 몸 안으로 흡수되어 혈액에 의해 세포로 운반됩니다.

그러고 나면 세포에 의해 운반된 영양소는 두 종류의 운명을 맞게 된답니다. 분해되어 에너지를 내든가 아니면 새롭게 합성되어 우리 몸을 만들지요. 그래요, 우리가 흡수한 영양소는 분해되거나 새롭게 합성됩니다.

여기서 한 가지 생각해 볼 것이 있습니다. 영양소가 분해되거나 합성되는 과정은 모두 화학 반응이라는 것입니다. 결국 우리 몸에서는 계속해서 화학 반응이 일어나고 있는 셈이지요. 우리가 밥을 먹으며 살아가는 한 말입니다.

그런데 화학 반응은 그냥 일어나는 게 아닙니다. 우리 몸이 만들어 낸 촉매, 즉 효소가 있어야 화학 반응이 일어날 수 있습니다. 효소가 없이는 어떤 작용도 일어나지 않는다고 말해도 될 정도입니다. 그래서 '우리가 살아 있다'는 것은 '효소가 있다'는 것과 거의 같은 말이 됩니다.

이 책은 우리 몸의 일꾼, 효소에 대해 이야기합니다. 여러분들이 이 책을 읽으면서 효소가 무엇인지 깊이 이해하기를 소망하면서 되도록 쉽고 재미있게 이야기하려고 했습니다. 아무쪼록 이 책을 읽고 생물에 대한 배경 지식과 우리 몸에 대한 이해가 더욱더 깊어지고 넓어졌으면 좋겠습니다.

아울러 이 책은 효소라는 말을 처음 사용한 퀴네가 한국에 와서 여러분들에게 직접 이야기를 들려주는 형식으로 이루어졌음을 알려 드립니다.

끝으로 언제나 예쁘게 책을 만들어 주시는 강병철 사장님과 직원 여러분에게 깊이 감사드립니다.

이 흥 우

차례

첫 번째 수업 1

살아 있다는 것

화학 반응이란 무엇일까요?
우리 몸에서 일어나는 화학 반응에 대해 알아봅시다.

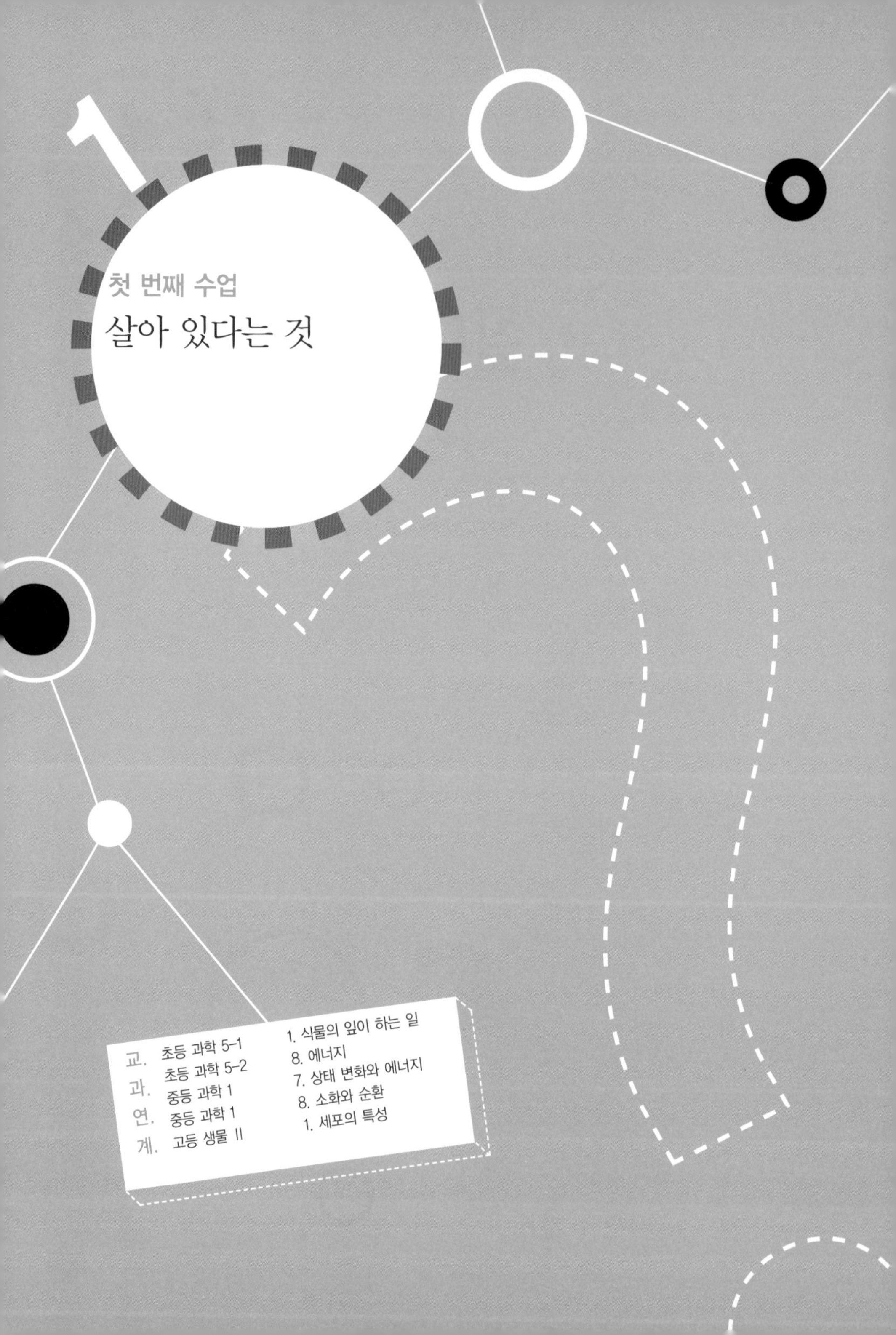

1

첫 번째 수업

살아 있다는 것

교과 연계

초등 과학 5-1	1. 식물의 잎이 하는 일
초등 과학 5-2	8. 에너지
중등 과학 1	7. 상태 변화와 에너지
중등 과학 1	8. 소화와 순환
고등 생물 II	1. 세포의 특성

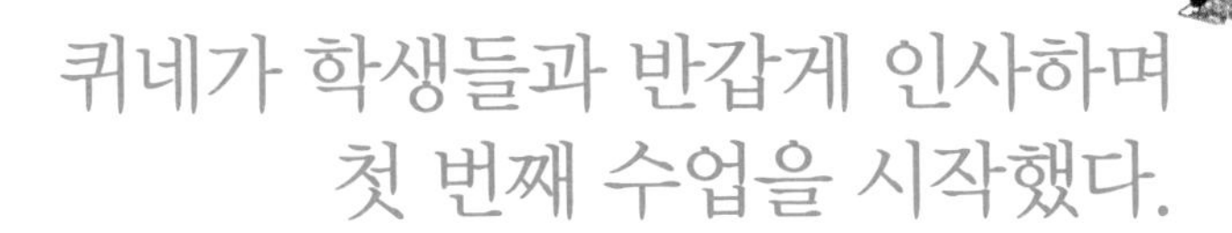

퀴네가 학생들과 반갑게 인사하며 첫 번째 수업을 시작했다.

가끔씩 살아 있다는 것이 무엇인지 생각해 보곤 합니다. 그러고 나면 참 신기하다는 느낌이 듭니다. 태어나서 자라고 생활하고 마침내는 죽고……. 여러분은 적어도 수십 년 전에는 세상에 없었습니다. 그렇지만 지금은 생명을 얻어 살아가고 있지요.

높은 하늘에서 지구를 내려다본다고 생각해 보세요. 세상에 없던 아이가 태어나 돌아다니고 있어요. 몸은 점점 자라고 음식을 먹기도 하고 뭔가 골똘히 생각하기도 해요. 운동이나 공부를 하기도 합니다. 참 신기한 일이지요.

그런데 이 모든 것이 화학 반응의 결과라는 것이 믿어지나요? 몸이 자라는 것도, 음식을 먹는 것도, 운동하는 것도, 그리고 공부하는 것도 모두 화학 반응이 없이는 불가능하다는 것이 믿어지나요?

"살아 있다는 것은 곧 화학 반응을 하고 있다는 것이다."라는 주장에 동의하는지요? 그렇습니다. 우리 몸에서 일어나는 모든 현상은 화학 반응의 결과라고 해도 틀린 말이 아니랍니다.

화학 반응의 결과 새로운 물질이 생겨난다

대답해 보세요.

화학 반응이란 무엇이지요?

화학 변화가 일어나게 하는 반응이지요.

그렇다면 화학 변화란 무엇인가요?

어떤 물질이 전혀 다른 새로운 물질로 변화하는 것을 의미합니다.

그럼 물질은 왜 변하지요?

그 물질을 구성하는 원자의 종류와 배열이 바뀌기 때문이랍니다.

철을 가열하면 녹게 되지요. 이러한 변화는 화학 변화가 아닙니다. 그럼 뭐라고 할까요? 물리적 변화라고 하지요. 물이 어는 것, 증발하는 것도 물리적 변화에 해당합니다.

하지만 철을 공기 중에 놓아두면 녹이 슬어요. 그것은 철과 산소가 만나 산화철이 되기 때문이지요. 산화철은 산소도, 철도 아닌 전혀 새로운 물질이랍니다.

철 + 산소 → 산화철

어떤 중학교 교과서를 보니 재미있는 비유를 들었더군요. 여러분, 족구라는 운동을 아나요? 배구처럼 네트를 사이에 두고 발로 공을 넘기는 운동이지요. 이 족구라는 운동은 배구와 축구가 결합돼서 생긴 새로운 운동입니다. 결국 화학

반응이 이와 같다는 겁니다.

배구 + 축구 → 족구

이렇게 새로운 물질이 생기는 반응을 화학 반응이라고 합니다. 우리 몸에서 일어나는 화학 반응의 예를 하나 들어 볼까요? 우리 몸 안에서는 과산화수소가 생겨납니다. 과산화수소는 몸에 해롭기 때문에 우리 몸은 과산화수소를 물과 산소로 분해하지요.

과산화수소 → 물 + 산소

과산화수소는 물이나 산소와는 전혀 다른 물질입니다. 결국 여기서는 과산화수소가 물과 산소라는 전혀 다른 물질로 분해되는 반응이 일어난 것이지요. 이렇게 전혀 다른 물질이 생겨나는 반응을 화학 반응이라고 한답니다.

우리 몸에서는 이러한 화학 반응이 몇 가지나 일어날까요? 수천 가지가 일어난답니다. 아니, 아직도 다 알지 못한다는 말이 맞는 표현일 것입니다.

화학 반응을 통해 힘을 얻고 몸이 자란다

여러분, 밥을 먹지 않으면 힘이 없지요? 힘이 없으면 어떻게 되지요? 아무것도 할 수 없습니다. 그렇다면 힘은 어디서부터 생길까요? 밥을 통해 얻게 된 영양소로부터 생기지요. 영양소가 세포에서 분해될 때 에너지가 나온답니다. 영양소가 분해되는 것도 바로 화학 반응이랍니다.

영양소가 분해되면 이산화탄소와 물이 생기고 에너지가 나오게 됩니다. 이 에너지가 바로 힘입니다. 팔다리를 움직이고, 말하고, 생각하는 모든 일이 에너지가 있어야 된답니다. 결국 우리가 몸으로 하는 모든 일에는 에너지가 필요한 셈이지요. 결국 에너지는 영양소가 분해되는 화학 반응을 통해

얻어지는 거랍니다.

우리 몸의 화학 반응 중에는 분해하는 반응과 합성하는 반응이 있습니다. 자, 여러분의 몸은 하루하루 자라고 있지요? 어떤 친구는 1년에 10cm도 더 자랍니다. 마치 식물이 자라는 것 같지요. 그런데 몸이 자란다는 것은 세포 수가 늘어난다는 의미입니다. 세포 수가 늘어나기 위해서는 세포를 이루는 물질이 만들어져야겠지요. 즉, 세포를 이루는 물질을 만들어 내는 화학 반응이 일어나야 몸은 자랄 수 있습니다.

그럼 이해를 돕기 위해 다시 설명해 볼게요. 여러분은 돼지고기를 먹지요? 돼지고기를 많이 먹는다고 우리 살이 돼지를 닮아 가지는 않아요. 사람의 살은 돼지고기와 달라요. 어째서 그렇지요? 우리는 돼지고기를 먹으면 일단 그것을 소화시킵니다. 그런 다음 흡수하지요. 우리 몸에서는 흡수한 영양소를 다시 조합하여 몸을 이루는 살로 만든답니다.

여러분, 블록 놀이 해 보았지요? 우리 몸을 이루는 살을 만든다는 것은 조립해 놓은 블록을 다 부순 다음 다시 조립하는 것과 같습니다. 그럼 기억해 두세요.

우리 몸에서 일어나는 화학 반응은 크게 2가지로 나눌 수 있어요.
물질을 분해하는 반응과 물질을 합성하는 반응.

힘이 나게 하는 화학 반응은 분해 반응이고,

몸이 자라게 하는 반응은 합성 반응이지요.

우리 몸에서 일어나는 분해 반응은 '이화 작용',

합성 반응은 '동화 작용'이라고 한답니다.

그리고 이 둘을 합쳐서 '물질대사'라고 하지요.

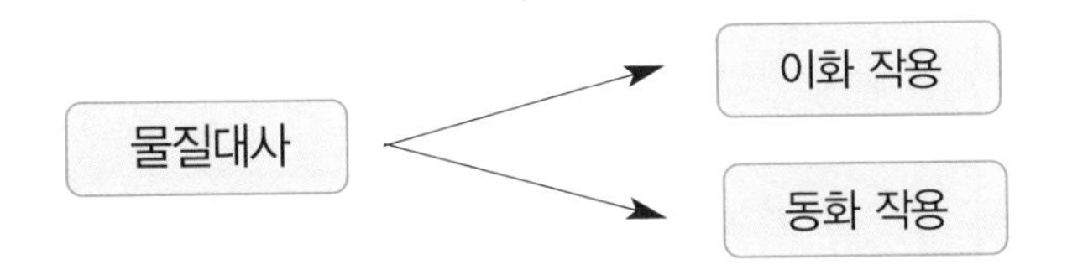

분해 반응은 에너지를 내놓지만, 합성 반응은 에너지가 필요하다

생물에게 일어나는 반응 중 합성 반응의 예를 하나 더 들어 보지요. 지구상의 모든 생물은 살아가기 위해 끊임없이 광합성을 합니다. 광합성은 어떤 현상일까요? 포도당을 만드는 화학 반응입니다. 광합성의 원료는 물과 이산화탄소랍니다. 즉, 물과 이산화탄소로 포도당을 만드는 것이 광합성이지요.

지혜로운 여러분들은 이미 눈치를 챘는지 모르겠네요. 우

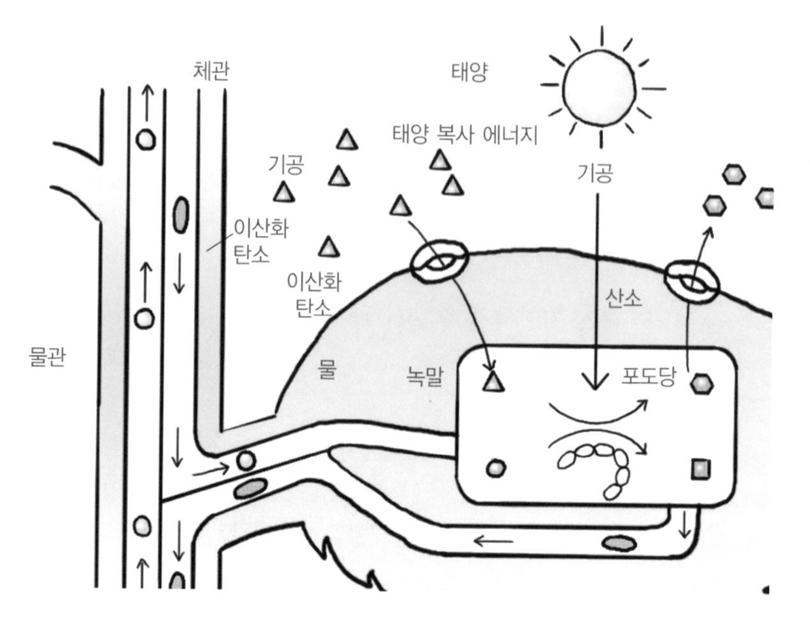

리 몸에서 에너지가 나오는 반응과 광합성 현상이 반대라는 것을요. 그렇습니다. 우리 몸이 에너지를 얻을 때는 포도당을 분해하지만, 태양 에너지를 이용한 광합성 현상이 일어날 때는 포도당을 만들어 냅니다. 결국 포도당을 분해할 때는 에너지가 나오지만, 합성할 때는 에너지가 필요한 거랍니다.

화학 반응은 보통 느리게 일어난다

우리가 에너지를 얻거나, 우리의 몸이 자라는 것은 모두 화학 반응을 통해서입니다. 그런데 문제가 있습니다. 보통 화학 반응은 느리게 일어나기 때문입니다.

예를 들어 볼게요. 밥상에 쌀밥을 계속 놓아두면 하루가 지나도 조금 굳기만 하고 별 변화가 없습니다. 쌀의 주성분은 녹말이지요. 그것은 녹말이 분해되지 않고 그대로 있다는 겁니다. 우리 몸 안에서 포도당이 분해되면 에너지가 나옵니다. 그러나 탁자에 포도당 가루를 놓아 보세요. 포도당이 분해되는 게 보이나요? 하루가 지나고 이틀이 지나도 변화가 없어 보여요. 이처럼 화학 반응은 자연 상태에서 눈으로 쉽게 확인할 수 있을 만큼 빠르게 일어나지 않는 게 보통이랍니다.

우리 몸에서 화학 반응이 느리게 일어난다면 어떻게 될까요? 밥을 먹었는데 도무지 분해가 되지 않는 거예요. 그러면 소화관에서 흡수할 수가 없겠지요. 만일 흡수가 된다고 해도 세포에서 분해되지 않고 그대로 있으면 힘이 안 날 거예요. 빨리빨리 분해되어 힘을 내야 하는데 말입니다. 힘이 없으니 만사가 귀찮아지겠죠. 아니, 그것이 문제가 아니지요. 우리의 목숨이 위험해질 수도 있으니까요.

그러나 다행히도 우리 몸 안에서는 화학 반응이 아주 빠르게 일어납니다. 밥을 먹으면 몇 시간 안에 소화가 다 되지요. 세포 안에서 포도당이 신속하게 분해되기 때문입니다. 그래

서 힘이 나지요. 얼마나 다행인지 모릅니다.

어떻게 우리 몸 안에서는 화학 반응이 빨리 일어날 수 있을까요? 이제부터 하는 이야기는 '어떻게 우리 몸 안에서는 화학 반응이 빨리 일어날까?'에 대한 내용이랍니다. 다음 수업이 정말 기대되지요?

만화로 본문 읽기

선생님, 배가 너무 고파서 더 이상 움직일 수가 없어요.
그래요? 그럼 식사를 하러 갈까요?

선생님, 이렇게 음식을 먹으면 다시 힘이 나는 게 참 신기해요.
이것은 다 우리 몸에서 일어나는 화학 반응 때문이랍니다.

우리 몸에서 화학 반응이 일어난다고요?
물론입니다. 우리 몸에서는 분해하는 화학 반응과 합성하는 화학 반응이 일어난답니다.

우리 몸도 세포를 이루는 물질을 만들어 내는 화학 반응이 일어나서 세포 수가 늘어나야 자랄 수 있습니다.
세포 수 증가

만약 돼지고기를 먹으면 돼지고기의 살이 우리 세포에 더해지는 건가요?
후후. 돼지고기를 먹는다고 돼지의 살이 바로 우리 세포가 되는 것은 아니랍니다.

돼지고기는 일단 소화라는 과정으로 분해가 되고, 그런 다음 흡수를 통해 영양분이 흡수되어 몸을 이루는 살이 된답니다. 예를 들어 조립해 놓은 블록을 다 부순 다음 다시 조립하는 것과 비슷하지요.
신기하네요.

두 번째 수업

에너지 언덕

어떻게 우리 몸속에서는 화학 반응이 빨리 일어날까요?
화학 반응이 일어날 때 중요한 일을 하는 에너지 언덕에 대해 알아봅시다.

2

두 번째 수업

에너지 언덕

교.	초등 과학 5-1	1. 식물의 잎이 하는 일
과.	초등 과학 5-2	8. 에너지
연.	중등 과학 1	7. 상태 변화와 에너지
계.	중등 과학 1	8. 소화와 순환
	고등 생물 II	1. 세포의 특성

퀴네의 두 번째 수업은 에너지 언덕에 관한 내용이었다.

자연 상태에서 화학 반응은 잘 일어나지 않는답니다. 예를 들어 볼게요. 종이가 불에 타는 것은 종이가 무엇과 반응을 하는 건가요? 산소와 반응하는 것이지요. 종이는 탄소, 수소, 산소로 구성되어 있습니다. 그리고 종이와 산소가 반응을 하면 물과 이산화탄소가 생겨나지요. 그리고 에너지가 나옵니다. 그러면 불이 붙게 되지요. 그런데 책상에 놓아둔 종이가 저절로 불에 붙는 경우는 없어요. 그렇다면 종이와 산소는 잘 반응하지 않을까요?

화학 반응이 일어나기 위해서는 에너지 언덕을 넘어야 한다

종이와 산소가 반응하기 위해서는 에너지 언덕을 넘어야 한답니다. 무슨 이야기냐 하면 종이와 산소가 반응을 하기 위해서는 실내 온도보다 높은 온도가 필요하다는 겁니다.

다음은 종이가 불에 타는 반응을 나타낸 것입니다.

종이 + 산소 → 이산화탄소 + 물 + 에너지

이러한 반응, 즉 불이 붙기 위해서는 처음에 열을 가해 줘야 합니다. 그리고 일단 불이 붙기 시작하면 불은 계속해서 종이를 태우게 됩니다. 불이 나면서 열이 나기 때문이지요.

이처럼 종이에 불이 붙기 위해서는 열을 가해 주어야 합니다. 그 이유는 종이가 산소와 반응하기 위해서는 에너지 언덕을 넘어야 하기 때문입니다. 다음 오른쪽 그림을 보세요.

왼쪽에 종이와 산소가 있습니다. 에너지 언덕을 넘어가면 물과 이산화탄소가 있지요. 그리고 종이와 산소, 물과 이산화탄소가 위치해 있는 높이는 이들이 갖는 에너지의 양을 나타냅니다. 그리고 종이와 산소, 물과 이산화탄소의 사이에는

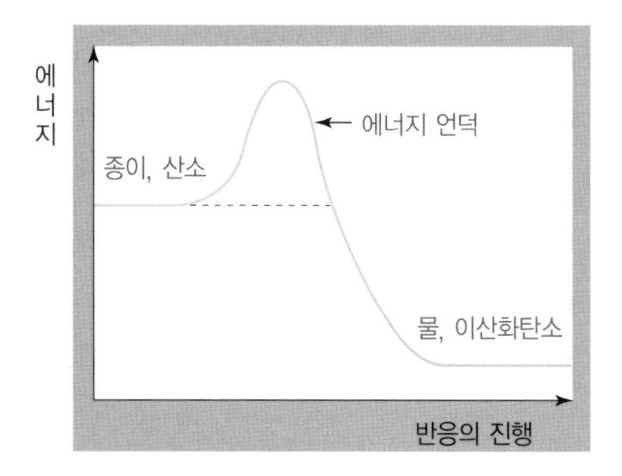

에너지 언덕이 있습니다. 이 언덕을 넘으면 반응이 진행되고 열이 나게 되는 것이죠. 우리가 종이에 불을 붙이고 싶을 때 성냥불을 종이에 대지요? 그 이유를 생각해 봅시다.

종이에 성냥불을 대면 열이 가해지지요.
에너지 언덕 위로 종이와 산소가 올라가는 것이지요.
그리고 이어서 에너지 언덕을 내려가기 시작합니다.
마치 조그만 공을 언덕 너머로 넘길 때처럼 처음엔 힘들어요.
하지만 공은 언덕을 너머 저 밑까지 굴러가지요.

에너지 언덕이 없으면 매우 위험하다

에너지 언덕이 없으면 어떤 일이 일어날지 같이 상상해 봐요.

책상에 놓아둔 종이가 저절로 불붙어요.

주유소의 가솔린이 저절로 폭발해요.

산의 나무도, 들에 있는 풀도 불이 붙어 버려요.

책상도 저절로 불이 붙고요, 쇠는 아주 빨리 녹슬어 버려요.

퍼 놓은 밥은 저절로 포도당으로 분해가 돼요.

온 세상이 불안해요, 정말로.

그러나 이런 일은 일어나지 않아요. 주유소의 가솔린에 저절로 불이 붙는 경우도 없고, 책상 위의 종이가 저절로 타지

도 않지요. 모두 에너지 언덕이 있기 때문입니다. 그래서 우리의 생활은 안전하답니다.

여기서 화학 반응이 일어나려면 에너지 언덕을 넘어야 한다는 자연의 이치가 얼마나 중요한지 알 수 있을 거예요. 자연의 지혜라고나 할까요.

우리 몸의 화학 반응에도 에너지 언덕은 있다

그런데 우리 몸에서 일어나는 화학 반응에도 에너지 언덕이 있습니다. 우리 몸에서 일어나는 분해 반응이건 합성 반응이건 모두 에너지 언덕이 있지요.

에너지 언덕을 넘으려면 열이 필요하다고 했지요. 포도당과 같은 영양소를 분해하기 위해서도 열이 필요합니다. 포도당은 우리 몸 안의 세포들이 활동하는 데 꼭 필요한 영양소이지요. 즉, 세포는 잘게 분해된 포도당을 먹고 산답니다.

그러면 우리 몸 안에 있는 포도당을 분해하기 위해 열을 가한다면 어떻게 될까요? 당연히 체온이 올라가겠지요. 체온이 올라간다는 것은 우리에겐 아주 위험한 변화입니다. 우리의 정상 체온은 36.5℃인데, 체온이 40℃ 정도만 되어도 생명이 아주 위험할 수 있답니다. 그래서 우리 몸에서는 포도당을 분해할 때 열을 가하지 않는답니다. 대신 다른 방법을 이용하지요. 그렇다면 우리 몸에서는 빠른 화학 반응을 위해 어떤 방법을 사용할까요?

에너지 언덕을 낮추면 화학 반응이 쉽게 일어난다

여러분은 대관령 고개를 아는지요? 몇 년 전만 해도 대관령 고개를 넘어야 강릉으로 갈 수 있었답니다. 하지만 지금은 터널을 뚫어 놓아서 쉽게 갈 수 있지요. 다음 그림을 보세요.

터널이 생긴 후

대관령에 터널이 생겨서 강릉으로 가기가 훨씬 쉬워졌지요. 화학 반응도 마찬가지랍니다. 에너지 언덕을 낮추면 화학 반응이 잘 일어난답니다.

다른 예를 하나 들어 보지요. 중학교에서 고등학교를 가기 위해 고입 선발 고사를 봅니다. 인문계 고등학교를 가려면 몇 점 이상이어야 한다는 커트라인이 있지요. 예를 들어, 올해는 커트라인이 100점 만점에 98점이라고 해 봐요. 아마 인문계 고등학교에 갈 수 있는 학생이 별로 없을 겁니다. 하지만 커트라인을 100점 만점에서 50점으로 낮췄다고 해 봅시다. 대부분의 학생들이 인문계 고등학교에 갈 수 있을 겁니다.

여기서 인문계 고등학교에 들어가는 것을 화학 반응이 일어나는 것이라고 하고, 커트라인을 에너지 언덕이라고 해 봅

시다. 커트라인을 낮추면 학생들이 인문계 고등학교에 많이 들어가듯, 에너지 언덕을 낮추면 화학 반응이 잘 일어날 수 있을 테지요.

우리 몸에는 에너지 언덕을 낮추는 장치가 있다

다행히 우리 몸에는 에너지 언덕을 낮추는 장치가 있습니다.
그래서 우리 몸 안에서는 화학 반응이 신속하게 일어나지요.
어떻게 에너지 언덕을 낮추냐고요?
바로 효소가 그 일을 한답니다.

다음 그림을 보세요. 화학 반응이 진행되는데 에너지 언덕

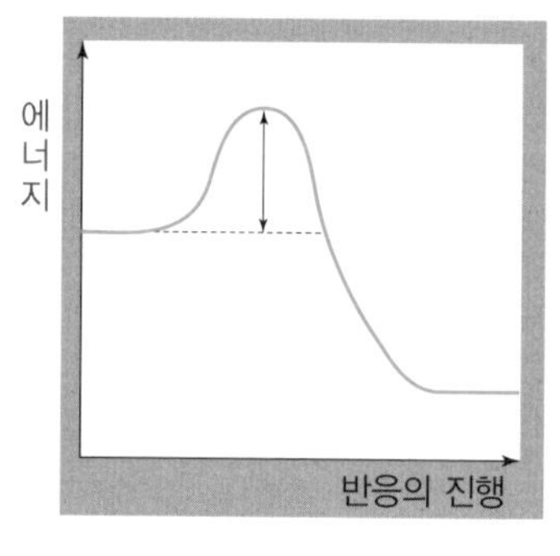

효소가 없을 때

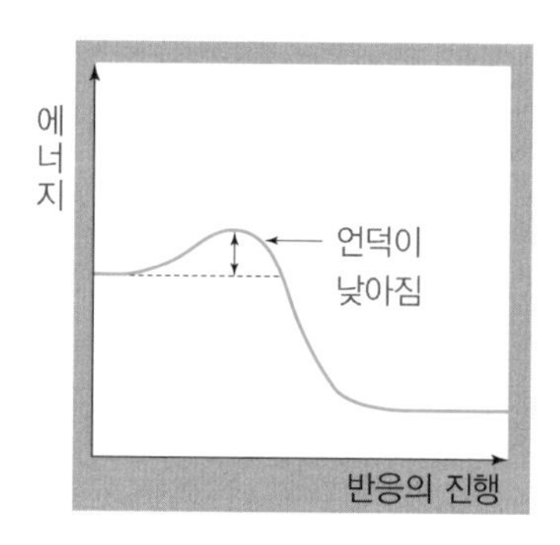

효소가 있을 때

이 있습니다. 그런데 효소가 있으면 에너지 언덕이 낮아집니다. 그래서 화학 반응이 쉽게 진행될 수 있는 것입니다.

우리가 밥을 먹으면 소화가 되는 것도, 포도당이 세포에서 쉽게 분해되는 것도 효소가 에너지 언덕을 낮춰 주기 때문입니다. 그래서 체온 정도의 온도에서도 화학 반응이 잘 일어나는 거지요. 꼭 기억해 두세요.

효소는 에너지 언덕을 낮춘다!

만화로 본문 읽기

선생님,
너무 힘들어요.
좀 쉬었다 가요.
바로 여기가 에너지 언덕과 같은 곳이니까 좀 더 힘을 내세요.

에너지 언덕이요?
보통 화학 반응이 일어나기 위해서는 에너지 언덕을 넘어야 하는 것이랍니다.

예를 들어 책상에 놓아둔 종이에 저절로 불이 붙는 경우는 없어요. 불이 붙기 위해서는 처음에 열을 가해 줘 에너지 언덕을 넘어야 합니다. 일단 불이 붙기 시작하면 계속해서 종이를 태우게 되고요.

이렇게 종이가 산소와 반응하기 위해서 열을 가해 주듯, 화학 반응이 일어나기 위해서는 에너지 언덕을 넘어야 한답니다.
에너지 언덕
에너지 언덕을 넘지 못하면 반응이 일어나기 힘들겠네요?
물, 이산화탄소
반응의 진행

네, 그렇게 에너지 언덕을 넘어야 하기 때문에 책상에 놓아둔 종이가 저절로 불붙거나, 주유소의 가솔린이 저절로 폭발하거나, 산의 나무나 들의 풀에 갑자기 불이 붙는 일이 없는 거예요.
에너지 언덕은 고마운 거네요.

맞아요. 화학 반응이 일어나려면 에너지 언덕을 넘어야 한다는 자연의 이치가 얼마나 중요한지 알겠죠.
어? 근데 이야기하다 보니 언덕을 금방 넘었네요.

세 번째 수업 3

효소의 발견

효소란 무엇일까요?

여러 과학자들이 발견한 다양한 효소에 대해 알아봅시다.

3

세 번째 수업

효소의 발견

교과연계		
교.	초등 과학 5-1	1. 식물의 잎이 하는 일
과.	초등 과학 5-2	8. 에너지
연.	중등 과학 1	7. 상태 변화와 에너지
계.	중등 과학 1	8. 소화와 순환
	고등 생물 II	1. 세포의 특성

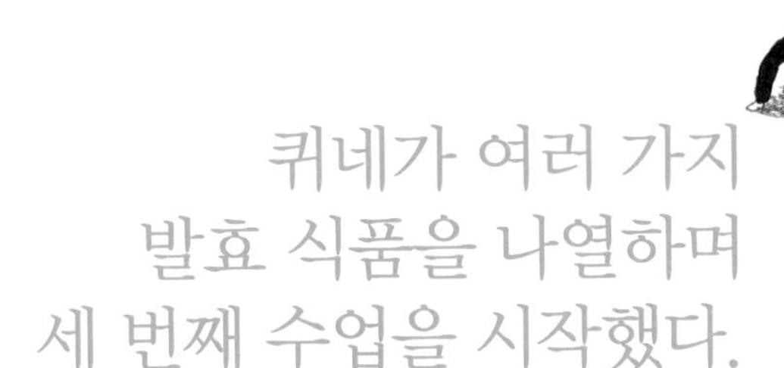

퀴네가 여러 가지
발효 식품을 나열하며
세 번째 수업을 시작했다.

술, 된장, 간장 등 우리가 먹는 많은 발효 식품들은 대부분 효모나 곰팡이, 세균 등 미생물에 의해 만들어집니다.

미생물들이 어떻게 이런 음식물을 만들어 낼 수 있을까요? 보리로부터 맥주가 만들어지고, 콩으로부터 메주가 만들어지는 것은 모두 화학 반응의 결과랍니다.

이렇게 말하니 눈치를 챘겠죠? 미생물이 가지고 있는 효소가 맥주나 된장을 만들어 내는 것입니다. 맥주의 역사가 기원전 2000년까지 거슬러 올라간다고 하니, 우리 인류는 이미 오랜 옛날부터 효소를 이용해 왔던 셈입니다.

스팔란차니의 실험

1785년 이탈리아의 박물학자 스팔란차니(Lazzaro Spallanzani, 1729~1799)는 소화가 어떻게 일어나는지 궁금했습니다. 그래서 재미있는 실험을 했지요.

스팔란차니는 얇은 금속으로 만든 통에 고기를 넣고 매에게 먹였죠. 얼마간의 시간이 지난 후 통을 꺼내 보았습니다. 그랬더니 고기가 녹아 있었답니다.

이번에는 금속 통에 해면을 넣었습니다. 해면은 스펀지처럼 물을 흡수하는 성질이 있지요. 해면을 넣은 금속 통을 매의 위에 넣어 위액이 스며들도록 하였답니다. 그런 다음 해면에 스민 위액을 짜내어 고기에 발랐지요. 그랬더니 고기가 녹았답니다.

펩신의 발견

스팔란차니가 실험을 하고 약 50년의 세월이 흐른 후였어요. 1836년 독일의 생리학자 슈반(Theodor Ambrose Hubert Schwann, 1810~1882)은 고기를 녹이는 위액을 분리하여 '펩신'이라고 했답니다. 그리고 적은 양의 펩신으로 많은 양의 고기를 분해할 수 있다는 것을 알게 되었답니다.

그럼 스팔란차니와 슈반이 알아낸 것을 우리가 앞에서 배운 지식으로 설명해 볼까요?

고기가 녹는 것은 고기의 성분인 단백질이 잘게 분해되기 때문입

니다.

이것은 화학 반응입니다.

이런 반응이 일어나려면 에너지 언덕을 넘어야 합니다.

그런데 펩신이라는 효소가 에너지 언덕을 낮춰 준 것입니다.

그래서 단백질이 쉽게 분해된 것이지요.

고기를 그냥 놓아두면 단백질로 분해되지 않지요. 끓는 물에 넣고 오랫동안 가열하면 단백질이 조금 분해되긴 합니다. 우리의 위에서는 펩신이라는 효소가 나온답니다. 그래서 고기를 신속하게 분해할 수 있지요.

여기서 효소의 중요한 성질 한 가지를 알게 되었네요. 펩신은 고기를 분해하는 과정에서 없어지지 않는다는 겁니다. 그래서 적은 양의 펩신으로도 많은 양의 고기를 분해할 수 있죠. 즉 효소는 화학 반응 과정에서 없어지지 않는답니다.

효소는 화학 반응 과정에서 없어지지 않는다.

아밀라아제의 발견

한국에는 아주 좋은 음료가 있더군요. 자연의 음료, 식혜! 식혜는 맛도 좋고, 건강에도 좋은 음료입니다. 식혜는 아밀라아제라는 효소를 이용하여 만들지요. 식혜에 대해서는 나중에 자세히 이야기하도록 합시다.

1833년 프랑스의 화학자 페양(A. Payen)과 페르소(J. F Persoz, 1805~1868)는 보리의 싹에 있는 물질을 추출하여 실험을 하였지요. 보리의 싹을 '맥아'라고 하고, 또 그것을 말린 것을 '엿기름'이라고 합니다. 실험 결과 엿기름에 있는 물질이 녹말을 분해하는 것을 발견하였습니다. 또한 녹말을 분해하면 단맛이 난다는 것도 알게 되었답니다. 이 효소가 바로 아밀라아제입니다. 그리고 이 효소는 우리의 침 안에도 들어있지요. 그럼 같이 생각해 봐요.

밥알 하나를 입에 넣어 보세요.

그리고 천천히 씹어 봐요.

침에 있는 아밀라아제를 상상해 봐요.

아밀라아제가 에너지 언덕을 낮춰요.

녹말이 엿당으로 가는 길목에 있는 언덕을 넘어요.

그러면 녹말이 엿당으로 분해돼요.

녹말 → 엿당, 엿당, 엿당…….

녹말은 단맛이 없지만 엿당은 단맛이 난답니다.

그래서 밥알을 씹으면 단맛이 나요.

페양과 페르소는 녹말에 아밀라아제를 첨가하면 녹말이 분해되고, 거기에 녹말을 더 넣어도 분해된다는 것을 알게 되었습니다. 녹말이 분해되는 과정에서 아밀라아제가 없어지지 않았던 거지요. 또한 아밀라아제를 100℃로 가열하면 녹말을 분해하는 기능을 잃어버린다는 사실도 발견하였답니다.

효소는 영어로 엔자임이라고 한다

1837년, 스웨덴의 화학자 베르셀리우스(Jöns Jacob Berzelius, 1779~1848)는 아밀라아제와 펩신의 발견을 통해 '촉매'라는 물질을 생각해 냈습니다. 다른 물질의 화학 반응을 촉진하지만 자신은 아무런 변화도 하지 않는 물질을 촉매라고 합니다. 그리고 생물의 몸 안에서는 수천 가지의 촉매 작용이 이뤄지고 있다고 예언하였답니다.

효모가 발효를 일으켜 알코올(술)을 만드는 것도 효소의 작용 때문이라는 사실이 알려지게 되었답니다. 효모가 가진 효소가 포도당과 같은 물질을 알코올로 만드는 것이지요.

오늘날 효소는 영어로 '엔자임(Enzyme)'이라고 합니다. 이 말은 바로 저, 퀴네가 1876년에 제안한 말입니다. 엔자임이라는 말은 '효모 속에 있는'이라는 의미입니다. 효모에 있는 알코올을 만드는 물질을 가리키는 것이지요.

처음에는 살아 있는 효모만 발효를 할 수 있는 것으로 알았답니다. 하지만 1897년 부흐너(Buchner) 형제는 효모를 갈

아서 만든 즙액도 알코올 발효를 한다는 것을 발견하였지요. 그래서 반드시 살아 있는 세포가 있어야만 발효와 같은 화학 반응이 이루어지는 것은 아니라는 사실을 알게 되었답니다. 효모의 몸 밖에서도 효소들이 작용할 수 있다는 것을 발견하게 되었지요. 부흐너 형제는 이 발견으로 노벨 화학상을 받았답니다.

효소는 단백질이다

1896년 베켈하링이라는 학자는 고기를 소화시키는 효소인 펩신이 단백질이라는 것을 밝혀냈습니다. 1926년에는 미국의 생화학자 섬너(James Batcheller Sumner, 1887~1955)가 콩에서 유레이스라는 효소를 발견하였고, 이 효소 역시 단백질이라는 것을 알아냈답니다.

그렇습니다. 효소는 단백질입니다. 우리 몸의 세포가 가지는 효소는 주성분이 단백질이지요. 여기서 주성분이라고 말하는 것은 단백질인 효소가 다른 물질의 도움을 받기도 하기 때문이랍니다.

효소의 주성분은 단백질이다.

우리 몸에서 일어나는 화학 반응은 효소 없이는 거의 일어나지 않습니다. 뒤집어 말하면 효소가 화학 반응을 일으킨다고 할 수 있습니다. 같이 생각해 봅시다.

우리 몸의 진정한 일꾼은 효소입니다.
효소가 일을 하면 화학 반응이 일어나고,
그러면 우리 몸에서 어떤 변화가 일어나는 것입니다.
효소는 단백질로 이루어져 있지요.
그러므로 단백질은 우리의 일꾼을 만드는 재료인 셈입니다.

만화로 본문 읽기

배 부르게 잘 먹었어요. 근데 이렇게 많이 먹었는데, 금방 소화가 되는 것을 보면 신기해요.
그것은 모두 펩신 때문이랍니다.

펩신이요?
1836년 독일의 생리학자 슈반은 위액에서 고기를 분해시키는 물질을 찾아냈는데, 그것을 '펩신'이라고 했답니다.
닭발 피자 출시

근데 화학 반응을 일으키려면 에너지 언덕을 넘어야 한다고 하지 않았나요?
맞아요. 고기가 녹는다는 것은 단백질이 잘게 분해되는 것입니다. 이런 반응이 일어나려면 에너지 언덕을 넘어야 합니다.
Pizza

그런데 위 속에는 펩신이라는 효소가 이 언덕을 낮춰 준답니다. 그래서 단백질이 쉽게 분해되는 것이지요.
그럼 위 속에는 펩신이 엄청 많겠네요?
펩신
단백질
통 통

위에서 만들어지는 펩신을 효소라고 하는데, 효소의 중요한 특징 중 하나가 분해하는 과정에서 없어지지 않는다는 것입니다.
정말요?

효소는 화학 반응 과정에서 없어지지 않으므로 적은 양으로도 많은 양의 음식물을 분해할 수 있어요.
소화가 다 된 것 같으니 이제 간식을 먹어야겠어요.

네 번째 수업

4

슈퍼 파워 효소

효소는 어떤 능력을 가지고 있을까요?
1초당 수만 번의 반응을 일으킬 수 있는 효소의 대단한 능력에 대해 알아봅시다.

4

네 번째 수업

슈퍼 파워 효소

교과연계		
교.	초등 과학 5-1	1. 식물의 잎이 하는 일
과.	초등 과학 5-2	8. 에너지
연.	중등 과학 1	7. 상태 변화와 에너지
계.	중등 과학 1	8. 소화와 순환
	고등 생물 II	1. 세포의 특성

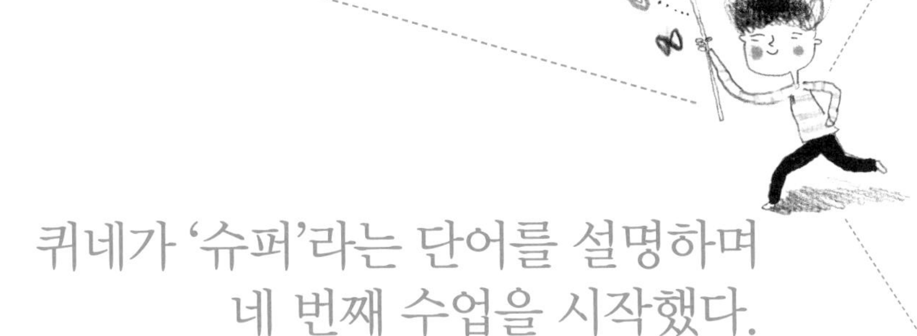

퀴네가 '슈퍼'라는 단어를 설명하며 네 번째 수업을 시작했다.

여러분은 슈퍼(super)라는 단어를 아는지요. 슈퍼란 '한계나 표준을 뛰어넘은'이라는 뜻을 담고 있습니다. 사람보다 훨씬 능력이 탁월한 '슈퍼맨'이 생각나네요. 효소는 우리가 상상하는 것보다 더 큰 능력, 슈퍼 파워를 가지고 있지요.

효소는 반응을 촉진하는 기능이 슈퍼하다

효소가 하는 일이 무엇이라고 했지요? 화학 반응이 신속하

게 일어나게끔 해 주는 것이라고 했습니다. 효소는 보통 효소가 없는 경우에 비해 10^{7}배에서 10^{20}배 정도로 반응을 촉진한답니다. 10^{20}배라는 말이 무엇이냐 하면 효소가 없다면 10^{20} 시간 걸릴 일을 1시간 만에 할 수 있다는 뜻입니다.

첫 번째 시간에 말했던 과산화수소가 기억나는지요. 우리 몸에서 생겨나지만 우리에게 해로움을 줄 수 있는 물질입니다. 그래서 우리 몸에서는 과산화수소를 분해한답니다. 물론 효소가 분해하는 것이지요. 과산화수소를 분해하는 효소를 카탈라아제라고 부릅니다. 이 효소 1개가 1초에 분해할 수 있는 과산화수소 분자 수는 약 9만 개에 달한다고 합니다. 상상이 되나요? 과연 슈퍼 파워라 할 수 있겠네요.

예를 하나 더 들어 볼게요. 우리 몸에서 발생되는 이산화탄소는 물과 반응하여 폐까지 운반됩니다. 이때도 효소가 작용하지요. 탈탄산 효소라고 하는 것이지요. 이 효소는 1초에 10만 분자 이상의 이산화탄소와 작용할 수 있다고 합니다. 만일 이 효소가 없다고 해 봅시다. 우리는 이산화탄소로 가득 차 더 이상 살아갈 수가 없을 겁니다.

효소는 중매쟁이

이처럼 효소는 1초에 수만 번의 반응을 촉진할 수 있을 만큼 슈퍼 파워를 가지고 있습니다. 그런데 1초당 수만 번의 반응을 촉진하면서도 자신은 변하지 않는 게 효소입니다. 즉, 효소 한 개의 분자가 수많은 화학 반응을 촉진할 수 있다는 것입니다.

그러고 보니 효소는 중매쟁이라는 생각이 드네요. 중매쟁이가 없는 것보다 있는 것이 결혼을 성사시키기가 더 쉬우니까요.

옛날에는 중매쟁이 노릇을 하는 사람은 대개 보따리장수였답니다. 집집마다 다니기 때문에 어느 동네, 어느 집에 어떤

처녀, 총각이 있는지 훤히 알았기 때문이지요. 그래서 많이 들 중매를 섰답니다. 시골에서는 먼 동네에 어떤 처녀, 총각이 사는지 아는 것이 어려웠습니다. 하지만 중매쟁이가 있어 서로 선을 보고 결혼을 할 수 있었던 것입니다. 그렇다고 보따리장수가 중매 서다 말고 자신이 결혼하지는 않죠. 그러므로 한 사람의 중매쟁이는 수많은 커플을 탄생시킬 수 있는 거랍니다.

효소도 그렇답니다. 마치 중매쟁이처럼 자신은 변하지 않고 화학 반응만 촉진하는 거랍니다. 그래서 효소는 많은 양이 있어야 할 필요가 없답니다.

여기서 한 가지 의문이 생기네요. 그러면 한 번 만들어진 효소는 언제까지 사용할 수 있을까요? 효소도 수명이 있습니다. 짧은 것은 몇 시간, 긴 것은 며칠 또는 수십 일의 수명을

갖기도 합니다. 그리고 우리 몸의 조건에 맞게 분해되지요. 즉, 필요가 없으면 분해된다는 것입니다. 그러면 효소는 누가 분해할까요? 역시 효소가 분해한답니다.

효소뿐만 아니라 우리 몸을 구성하는 물질은 항상 합성과 분해의 과정을 반복하며 교체되고 있습니다. 우리 몸의 물질은 한 번 만들어 놓으면 몇 백 년 유지되는 것이 아니라 언젠가는 분해되는 운명이지요. 새로운 물질로 교체되기도 하고요. 그러므로 유치원 시절의 '나'는 오늘날의 나와는 사뭇 다른 것입니다. 어제의 내가 오늘의 나와 같지 않은 것처럼요.

효소가 작용하는 조건도 슈퍼하다

반응 속도를 빠르게 하는 효소가 일하는 데 필요한 조건은 체온과 1기압 정도입니다.

공기 중의 질소를 이용하여 공업적으로 암모니아를 만들려면 450℃, 200기압의 조건이 필요합니다. 높은 온도와 압력을 가해 주어야 수소와 질소가 합쳐져서 암모니아가 생성될 수 있습니다. 하지만 미생물이 질소를 붙잡아 암모니아를 만들 때에는 그저 보통의 온도에 1기압이면 충분하답니다. 이

것은 효소가 화학 반응을 촉진하는 데 얼마나 슈퍼 능력을 발휘하는지 보여 주는 예입니다.

이미 말했듯이 우리 몸에서 일어나는 화학 반응은 체온 범위 내, 1기압 아래에서 일어납니다. 그리고 우리 몸의 효소가 가장 좋아하는 온도는 우리의 체온 정도랍니다. 생각해 보세요. 우리의 몸 안에 있는 효소가 우리의 체온 정도에서는 온도가 낮아 도저히 일을 할 수 없다면 어떨지요. 효소의 능력에 존경을 표하고 싶어지지 않나요?

효소는 물이 있어야 슈퍼 능력을 발휘한다

우리 몸 안에서 효소는 어떻게 있을까요? 보통은 물에 떠 있습니다. 즉 물이 있어야 효소가 작용을 하는 것이지요. 세포 안이 물로 차 있는 것을 상상해 보세요. 효소는 세포 안에 있는 물에 들어 있습니다.

마른 흙에 씨앗을 뿌리면 싹이 나지 않습니다. 그러나 비가 오면 싹이 나지요. 싹이 난다는 것은 씨앗에서 새로운 물질을 만들어 낸다는 것을 의미합니다. 첫 시간에 이런 이야기를 했었지요. 물질을 합성하는 반응에는 에너지가 필요하다고. 실제로 싹이 나는 씨를 모아 놓으면 열이 많이 납니다.

에너지가 필요하면 영양소를 분해해야 되지요. 그래야 에너지가 나오거든요. 영양소를 분해하는 것은 화학 반응이죠. 그래서 효소의 작용이 필요하답니다. 그런데 물이 없으면 효소는 작용하지 못하지요. 그래서 마른 흙에 뿌려진 마른 씨앗은 싹이 나지 않는 거랍니다. 하지만 단비가 내리면 씨앗이 물을 흡수하고 그러면 효소들은 신이 나서 활동을 하지요. 물론 효소의 활동에 물만 필요한 것은 아니랍니다. 하지만 물이 없으면 효소는 활동하기가 어렵답니다.

자, 이제 '기질'이라는 말을 할 때가 된 것 같군요. 효소와 만나는 물질을 기질이라고 합니다. 침 속에 있는 아밀라아제가 녹말을 분해한다고 할 때 녹말이 기질이 되는 거랍니다. 카탈라아제가 과산화수소를 분해할 때는 과산화수소가 기질이 되는 거고요.

효소와 기질이 물에 떠 있는 것을 생각해 보세요. 그리고 효소가 1초에 수만 번씩 기질과 만났다 헤어졌다 하는 것을 상상해 봐요. 슈퍼 파워 효소!

처음에 이야기하고 싶었는데 참은 게 있어요. 효소가 초당 수만 번의 화학 반응을 촉진한다고 했을 때, 바로 이 이야기를 하고 싶었지요. 어떻게 효소가 기질을 찾아갈까 하는 걸 말이에요. 여러분도 궁금하죠? 이제 기질이라는 말을 알았으니 이야기해 볼게요.

효소는 기질을 어떻게 찾나?

효소에 눈이 있을 리 없겠죠. 그런데도 효소와 기질은 참 잘 만납니다. 초당 수만 번씩! 신기한 일이지요. 도대체 눈도 없는 효소가 어떻게 기질을 찾을 수 있을까요? 효소가 기질을 찾는 방법은 아주 간단합니다. 답을 말하자면 '우연히 만난다'입니다.

물에 떠 있는 분자들은 열에너지 때문에 가만히 있질 않는답니다. 끊임없이 움직이지요. 물에 있는 분자가 움직이는 모습을 알아보는 것은 아주 간단합니다. 맑은 물에 잉크 방울을 떨어뜨려 보세요. 잉크 방울이 한 자리에 모여 있던가요? 아

니죠. 잉크는 점점 퍼져 나간답니다. 나중에는 골고루 퍼져 물의 색깔을 바꿔 놓지요. 잉크 분자가 계속 움직이기 때문에 일어나는 현상이랍니다. 이런 현상을 '확산'이라고 하죠. 공기 중에 연기가 퍼져 나가는 것, 방 안에 꽃향기가 퍼져 나가는 것도 모두 확산 현상이랍니다.

분자의 순간적인 움직임은 매우 빠릅니다. 그래서 모든 분자는 1초 안에 수많은 다른 분자와 충돌하게 된답니다. 그러면 다른 방향으로 튕겨나가면서 또 운동을 하지요. 그래서 도무지 움직임의 방향을 알 수가 없게 되고, 여러 다른 분자와 계속해서 충돌을 하게 되는 거랍니다. 그래서 아래의 그림처럼 무작위로 움직이게 되지요.

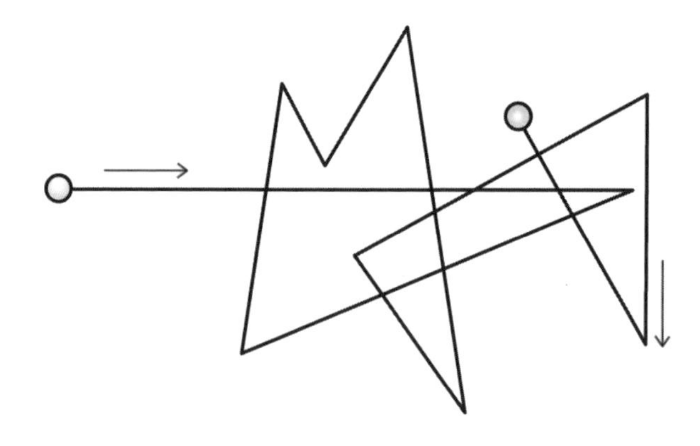

효소는 기질보다 크기가 작을 것 같지만 사실은 기질보다 크답니다. 어른과 아이의 차이보다 더 큰 차이가 나지요. 그래서 효소의 움직임은 기질보다 작습니다. 기질이 효소보다 더 '방정맞게' 움직인답니다. 그래서 기질이 효소에게 와서 무작위로 부딪힌다고 볼 수 있습니다. 효소가 기질을 찾아 집을 떠나는 것이 아니라 기질이 효소에게 무작위로 와 부딪히는 것이죠. 재미있죠? 화학적인 계산에 따르면 효소와 기질은 초당 수십만 번씩 부딪치는 것이 가능하다고 합니다. 효소와 기질이 만나면 기질은 화학적인 변화를 일으킵니다.

그러므로 효소가 슈퍼 파워를 갖는다는 말은 효소가 기질과 초당 만날 수 있는 횟수에 의해서만 결정되는 것은 아닙니다. 그것은 분자 운동의 결과일 뿐이니까요. 그러면 슈퍼 파워는 어떤 부분에서 생겨나는 걸까요? 기질을 만날 때마다 순간적으로 기질을 변화시키는 능력에 있다고 할 수 있지요. 결국 효소의 슈퍼 파워는 분자들의 빠른 제멋대로의 운동과 효소의 촉매 반응의 능력이 합쳐져서 나타나는 것이랍니다. 같이 생각해 봐요.

효소의 기능은 자연의 이치를 참 잘 이용하고 있지요.

물에서 분자 운동이 없다면 어떻게 될까요?

아무리 효소가 좋은 기능을 가지고 있다고 한들 무슨 소용이 있겠어요.

다행히 분자들이 가만히 있질 못하고 움직이니 효소가 일하기에 참 좋은 것이지요. 효소가 일하기에 좋다는 것은 세포가 일을 하기에 좋다는 뜻이 되고, 세포가 일하기 좋다는 것은 우리 몸이 건강하다는 말이 됩니다.

결국 우리가 사는 것도 자연의 이치 덕분이랍니다.

만화로 본문 읽기

슈퍼맨같이 엄청난 힘을 가지면 좋겠어요.
우리 몸에는 이미 슈퍼맨과 같은 힘을 가진 존재가 있답니다.

네?
효소는 우리 몸속에서 화학 반응이 신속하게 일어나도록 한다는 것을 알고 있지요?

효소는 보통 효소가 없는 경우에 비해 10^7배에서 10^{20}배 정도로 반응을 촉진한답니다. 즉 효소가 없다면 10^{20}시간 걸릴 일을 1시간 만에 할 수 있다는 뜻입니다.
엄청나네요.

우리 몸속 과산화수소를 분해하는 효소인 카탈라아제는 1초에 과산화수소 분자 약 9만 개를 분해한다고 합니다.
우아~, 슈퍼 파워라 할 수 있겠네요.
카탈라아제
과산화수소

근데 효소는 없어지지 않는다고 하셨잖아요. 그럼 한 번 만들어진 효소는 평생 남아 있나요?
효소도 수명이 있습니다. 짧은 것은 몇 시간, 긴 것은 며칠 또는 수십 일이랍니다.

효소는 누가 분해하나요?
역시 효소가 분해한답니다. 효소뿐만 아니라 우리 몸을 구성하는 물질은 항상 합성과 분해의 과정을 반복하며 교체되고 있습니다.

다섯 번째 수업

5

효소와 기질 사이

효소와 기질은 어떻게 결합할 수 있을까요?
효소와 기질이 만나는 방법에 대한 2가지 설에 대해 알아봅시다.

5

다섯 번째 수업

효소와 기질 사이

교과연계		
	초등 과학 5-1	1. 식물의 잎이 하는 일
	초등 과학 5-2	8. 에너지
	중등 과학 1	7. 상태 변화와 에너지
	중등 과학 1	8. 소화와 순환
	고등 생물 II	1. 세포의 특성

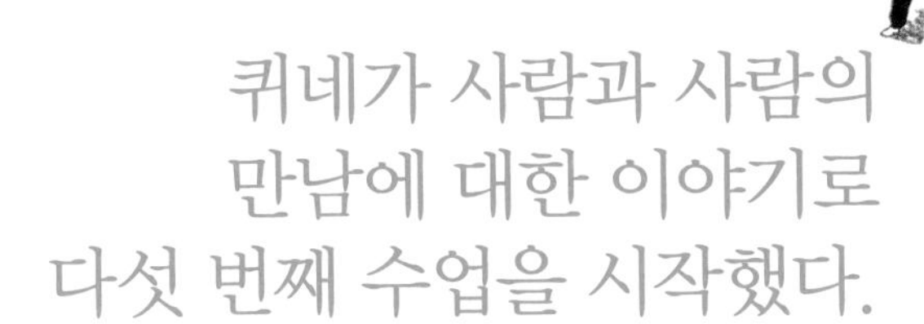

퀴네가 사람과 사람의 만남에 대한 이야기로 다섯 번째 수업을 시작했다.

'인생은 만남'이라는 말이 생각나네요. 정말 맞는 말이지요. 사람과 사람의 만남에 의해 인생이 결정되거든요. 부모와의 만남, 형제자매와의 만남, 친구와의 만남, 사랑하는 이와의 만남 등. 이러한 만남에서 나의 인생도 결정되지요. 또한 삶의 의미도 만남으로부터 생겨나는 거랍니다. 행복과 불행이 결정되기도 하고요.

우리의 인생이 만남을 통해 결정되듯이 우리 몸의 모든 생리 현상도 효소와 기질의 만남에서 비롯된답니다. 생명 현상은 효소와 기질의 만남에서 비롯된다고 말할 수 있죠.

효소와 기질은 서로 결합한다

효소와 기질은 서로 만난다고 했습니다. 서로 만나지 않고는 아무 일도 일어나지 않지요. 그럼 어떻게 만날까요? 서로 아무데나 부딪치고 마는 건가요? 아닙니다. 효소와 기질이 만나면 서로 잠깐 결합한답니다. 포옹한다고나 할까요.

그림을 보도록 하세요. 효소와 기질이 만나는 모습입니다. A라는 기질이 효소를 만났다가 둘로 나뉘는 그림입니다.

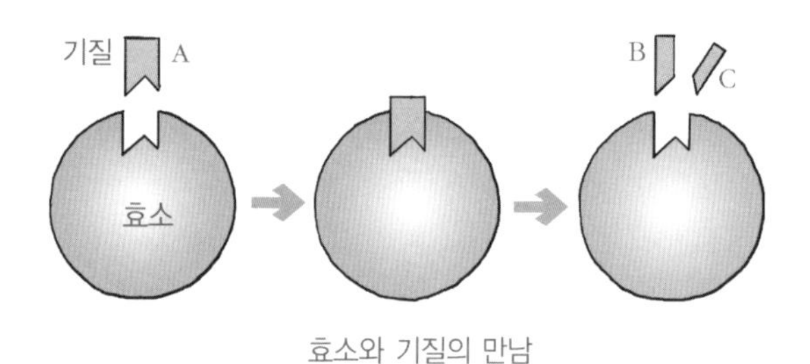

효소와 기질의 만남

이번에는 A, B 두 물질이 만나서 하나가 되는 그림입니다.

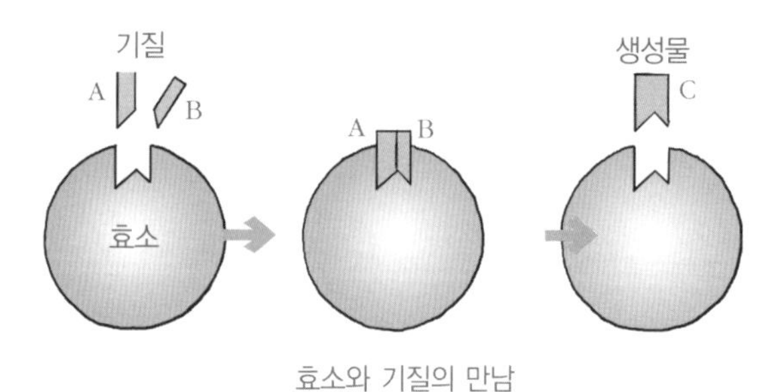

효소와 기질의 만남

2가지 그림에서 알 수 있는 것이 있지요. 우선 기질보다 효소가 훨씬 크지요? 그렇답니다. 효소가 기질을 품에 안는 것처럼 느껴질 정도로 크답니다. 다음으로 기질과 효소의 모습에 들어맞는 부분이 있다는 거죠. 이 부분을 활성 부위라고 한답니다. 기억해 두세요.

효소와 기질이 만나는 부분을 활성 부위라고 한다.

효소와 기질이 만나는 방법

효소와 기질이 만나는 방법에 대해서는 여러 가지 설이 있답니다. 대표적인 2가지만 이야기하도록 하죠.

먼저 열쇠와 자물쇠 설이 있지요. 기질과 효소가 만나는 부위가 열쇠와 자물쇠처럼 딱 들어맞아야 한다는 설입니다. 이 설의 주장은 이런 거랍니다. '하나의 자물쇠를 열 수 있는 열쇠는 하나밖에 없다.' 이 설에서 열쇠를 기질이라고 한다면 하나의 효소에 결합할 수 있는 기질은 한 가지밖에 없다는 것입니다.

자신에게 맞지 않는 효소와 아무리 결합하려고 해도 모양

이 맞지 않으니 결합할 수 없는 것이죠. 마치 짝이 아닌 열쇠로 자물쇠를 열 수 없는 것과 마찬가지로 말입니다. 천생연분이라고나 할까요. 그래서 아밀라아제는 녹말하고만, 카탈라아제는 과산화수소하고만 반응할 수 있답니다.

두 번째 설은 처음에는 기질과 효소의 결합 부분이 서로 다르지만 결합하는 과정에서 모양이 맞게 된다는 것입니다. 예를 들면, 밀가루 반죽에 주먹과 비슷한 크기의 구멍을 만들어 놓은 다음 밀가루 반죽을 주먹으로 누르는 모습을 생각해 보세요. 주먹과 밀가루 반죽 사이에 틈이 없어지지요. 왜냐하면 밀가루 반죽의 모양이 바뀌기 때문입니다.

여기서 주먹을 기질로 보고 밀가루 반죽을 효소라고 해 봅시다. 어느 정도 이해가 되지요. 기질이 변하는 것이 아니라 효소가 기질에 맞도록 변형된 것이랍니다.

그렇다고 해서 효소가 아무 기질하고나 결합할 수 있는 것은 아니랍니다. 자신과 반응하는 기질 역시 정해져 있습니다. 자신에 맞는 기질과 결합해야만 모양이 알맞게 변형되어 효소로서의 기능을 할 수 있답니다. 이 주장이 열쇠와 자물쇠 설과 다른 점은 효소가 경직되어 있는 것이 아니라 다소 유연하게 모양을 바꿀 수 있다는 점이랍니다.

자, 그러면 다음 (가), (나) 두 그림에서 열쇠와 자물쇠 설이 어떤 것인지 찾아보세요.

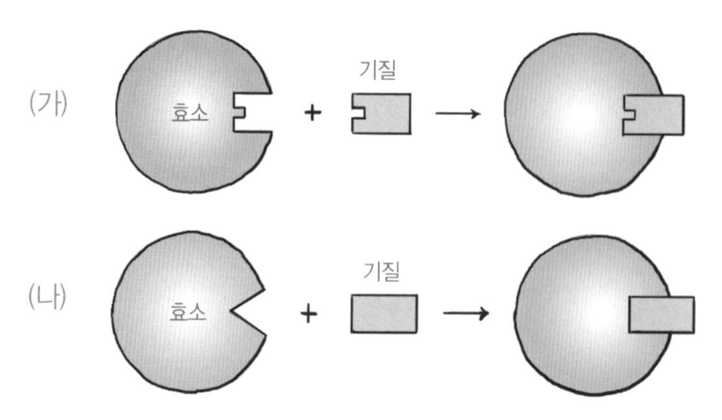

효소 도우미, 조효소

효소와 기질이 결합하는 데는 서로 만나는 부분의 모양이 중요합니다. 마치 열쇠와 자물쇠처럼 모양이 서로 맞아야 하죠. 그런데 어떤 효소는 기질과 모양이 딱 맞질 않아서 자신을 도와주는 도우미 효소가 있어야 한답니다. 이 도우미 효소를 '조효소'라고 합니다.

다음에 나오는 그림 (가)의 경우는 조효소가 필요 없답니다. 원래 기질과 효소의 모양이 같으니까요.

그러나 (나)처럼 기질과 효소의 결합 부분이 다를 때는 도우미 효소를 결합시켜 모양이 같게 만들어 주는 것입니다.

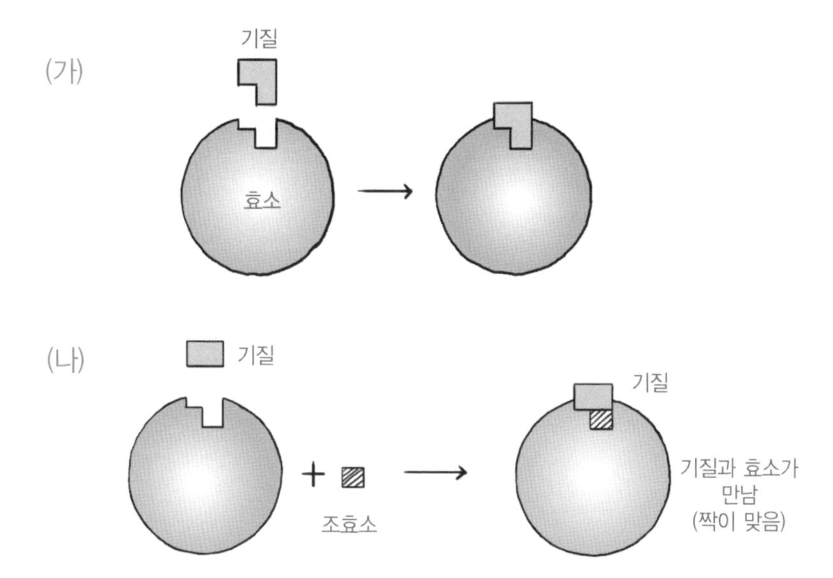

보통 효소는 이미 말했듯이 단백질로 구성됩니다. 하지만 도우미 효소는 단백질이 아니지요? 그럼 뭘까요? 탄수화물? 지방? 도우미 효소의 성분은 비타민이랍니다. 비타민이라는 말은 많이 들어보았지요? 비타민이 하는 대부분의 일은 바로 도우미 효소 역할입니다. 비타민이 어떤 일을 하는지 이제 알겠죠?

도우미 효소, 즉 조효소는 단 한 가지 종류의 효소만 돕는 게 아니랍니다. 하나의 조효소는 여러 종류의 효소를 도울 수 있답니다. 마음씨가 참 곱다는 생각이 드네요.

비타민은 많은 양이 필요하지는 않습니다. 하지만 대부분

의 비타민은 우리 몸에서 만들어지지 않기 때문에 부족하지 않게 섭취해야 합니다. 흔히 우리가 비타민이 풍부한 음식을 좋은 음식이라고 하는 까닭은 자칫 비타민이 부족해지기 쉽기 때문이랍니다. 적은 양이 필요하지만 부족하기 쉬운 영양소가 바로 비타민입니다. 기억해 두세요.

비타민은 주로 조효소로 이용된다.

효소 방해하기

여러분은 신발 속에 종이 뭉치 따위가 들어 있는 것을 모른 채 신발을 신으려고 한 적이 있을 겁니다. 이런 경우에는 발이 잘 들어가지 않지요.

기질을 발이라고 하고, 신발을 효소라고 할 때 이와 비슷한 경우가 생기기도 합니다. 효소와 기질이 만나는 자리에 기질과 비슷한 놈이 와서 미리 자리를 잡는 거예요. 그러면 기질이 효소와 결합할 수 없게 되지요. 이 가짜 기질은 진짜 기질과 효소를 놓고 경쟁하는 사이가 됩니다. 그러면 효소가 일을 하는 데 방해가 되겠지요.

이같이 효소의 기능을 방해하도록 하는 경우가 있답니다. 설파제라는 약은 각종 세균에 의한 질병의 치료제로 이용되는데, 세균의 효소와 결합하는 기질과 비슷하기 때문에 세균의 효소와 결합하여 필요한 물질이 생기지 않도록 한답니다. 설파제 때문에 세균은 살아가는 데 꼭 필요한 물질을 얻지 못하여 죽게 되지요.

효소를 방해하는 또 다른 경우도 있습니다. 효소의 옆구리 쪽에 와서 어떤 물질이 달라붙는 거예요. 그러면 효소의 모습이 조금 바뀌게 되지요. 이런 경우에도 기질이 효소와 잘 결합할 수가 없게 된답니다.

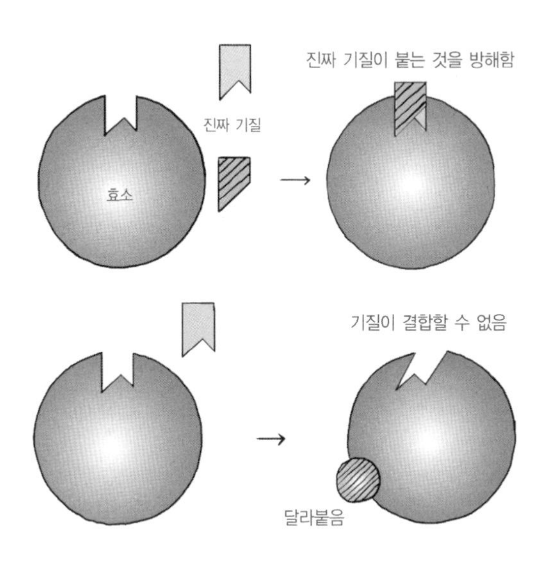

만화로 본문 읽기

선생님, 길에서 우연히 제일 친한 친구를 만났어요.
반가워요.
안녕하세요.

친한 친구를 우연히 만났다면 마치 효소와 기질이 만난 것과 같군요.

아, 효소와 기질도 우연히 만난다고 배운 기억이 나요.
효소와 기질이 우연히 만나면 서로 잠깐 동안 결합한답니다.
저희는 포옹 안 해요.

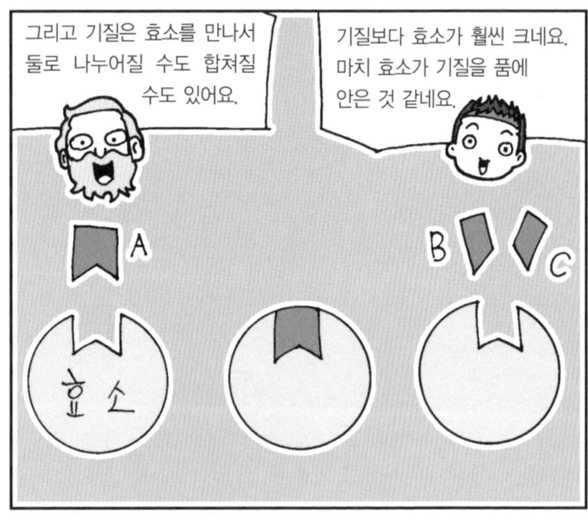
그리고 기질은 효소를 만나서 둘로 나누어질 수도 합쳐질 수도 있어요.
기질보다 효소가 훨씬 크네요. 마치 효소가 기질을 품에 안은 것 같네요.
A
B
C
효소

그런데 선생님 효소와 기질은 어떻게 우연히 만나나요?
첫 번째, 기질과 효소가 만나는 부위가 열쇠와 자물쇠처럼 딱 들어맞아야 한다는 열쇠와 자물쇠 설이 있습니다.

두 번째, 기질과 효소의 결합 부분이 서로 다르지만 결합하는 과정에서 모양이 맞게 된다는 설이 있어요. 밀가루 반죽을 주먹으로 누르는 모습을 상상해 보면 알 수 있을 거예요.

여섯 번째 수업 6

효소의 조절

우리 몸은 효소를 어떻게 조절할까요?

효소를 조절하는 방법을 통해 효소와 호르몬의 기능에 대해 알아봅시다.

6

여섯 번째 수업

효소의 조절

교과연계		
교.	초등 과학 5-1	1. 식물의 잎이 하는 일
	초등 과학 5-2	8. 에너지
과.	중등 과학 1	7. 상태 변화와 에너지
연.	중등 과학 1	8. 소화와 순환
계.	고등 생물 II	1. 세포의 특성

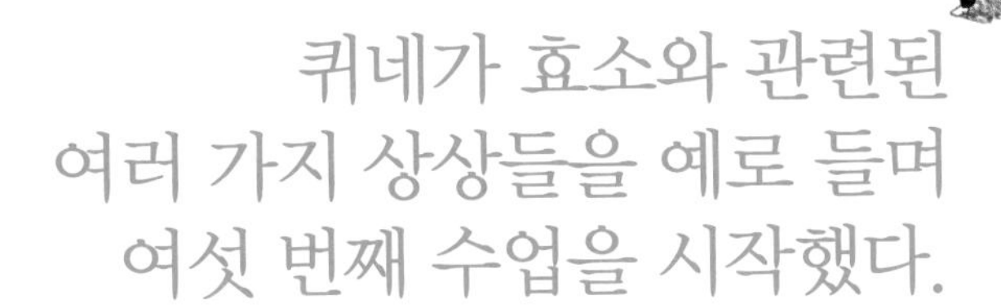

퀴네가 효소와 관련된 여러 가지 상상들을 예로 들며 여섯 번째 수업을 시작했다.

'슈퍼맨이 미쳐 버리면, 누가 날아다니는 슈퍼맨을 잡을 수 있을까? 그렇다면 온 세상이 불행해질 거야. 슈퍼맨이 좋은 일을 하니까 다행인 거지.'

이런 상상을 해 보지 않았나요?

효소가 슈퍼 파워를 가지고 있다는 얘기는 지난 시간에 했습니다. 효소가 슈퍼 파워를 가지고 있기 때문에 이런 걱정이 생길 수도 있습니다.

'슈퍼 파워를 조절하지 않으면? 슈퍼 파워가 제멋대로 활동을 하여 어느 날 아침 온몸이 펄펄 끓으면? 아니, 효소가

파업을 해서 온몸이 차가워지면? 소화도 되지 않고, 더 이상 키도 자라지 않으면?'

슈퍼 파워 효소의 작용은 알맞게 조절된다

우리 몸의 체온은 거의 일정하게 유지되지요. 이것은 무엇을 의미할까요? 우리 몸은 날씨가 추워지면 에너지를 많이 내고, 더워지면 에너지를 적게 냅니다. 우리가 방이 추워지면 난방을 하고, 더워지면 난방을 끄는 것과 비슷하지요. 같이 생각해 봅시다.

우리 몸에서 영양소가 분해될 때 에너지가 나옵니다.
영양소가 분해되는 것은 화학 반응입니다.
몸 안에서의 화학 반응은 효소에 의해 일어납니다.
결국 체온이 일정하다는 것은 효소가 알맞게 활동한다는 것을 의미합니다.
효소의 작용이 알맞게 조절되니 우리 몸에 필요한 만큼만 에너지를 내는 것입니다.

만일 날씨가 무지하게 더운데 우리 몸에서는 효소가 열심히 영양소를 분해하여 지나치게 많은 에너지를 낸다고 생각해 봅시다. 아마 우리 몸은 견디지 못할 것입니다. 반대로 날씨가 몹시 추운데 영양소를 적게 분해하여 에너지를 적게 방출한다고 해 봐요. 우리는 추워서 살기 어려울 것입니다.

하지만 우리 몸에서는 효소의 기능이 알맞게 조절되기 때문에 우리 몸의 체온도 일정하게 유지될 수 있습니다. 효소의 기능은 아주 슈퍼하지만 적절히 조절되는 것이지요.

눈에 보이지 않는 조그만 대장균에도 2,000여 가지의 효소가 있어요. 눈에 보이지 않는 대장균이 살아가는 데 그렇게 많은 효소가 필요하다니! 하물며 사람이야 더 말할 것도 없겠죠.

사람의 세포에는 수천 가지의 효소가 일을 한답니다. 일꾼의 종류가 수천 가지인 셈이지요. 그런데 수천 가지의 일꾼들이, 그것도 슈퍼 일꾼들이 제멋대로 일을 한다면 어떻게 될까요? 세포가 엉망이 되겠지요. 중구난방이 될 것입니다. 하지만 세포의 일꾼들은 알맞게 조절된답니다. 그러기에 우리가 살아 있을 수 있는 것이죠. 그렇다면 우리 몸은 효소를 어떻게 조절할까요?

필요한 일꾼을 만든다

여러분이 집을 한 채 짓는다고 해 보세요. 집을 지을 때는 여러 종류의 일이 있을 겁니다. 땅을 파서 기초를 다지고, 벽돌을 쌓고, 벽을 바르고, 벽지를 바르고, 배수구를 만들고, 지붕을 얹고……. 그런데 일의 종류마다 기술자가 다릅니다. 집을 짓다 보니 벽을 바르는 일이 가장 급하게 되었다고 해 봐요. 그러면 어떻게 해야 할까요? 벽 바르는 일꾼을 많이 불러오면 되겠지요. 벽을 빨리 발라야 다음 일을 진행할 수 있을 테니까요.

세포도 마찬가지랍니다. 세포의 어떤 부분에 할 일이 많아

지면 그 일을 하는 효소를 많이 만드는 것입니다. 그러면 일이 신속하게 마무리되겠지요. 예를 하나 들어 볼게요.

대장균은 포도당을 분해하여 에너지를 얻습니다. 그런데 대장균에게 포도당을 주지 않고 젖당을 주면 젖당을 우선 분해하겠지요. 젖당을 분해해야 포도당을 얻을 수 있거든요. 같이 생각해 봅시다.

대장균에게 포도당을 주면 젖당 분해 효소가 필요한가요?

아니죠, 포도당이 이미 있는걸요.

그럼 젖당을 주면 어떻게 될까요?

젖당을 분해하는 효소가 필요하지요.

젖당을 분해해야 포도당을 얻을 수 있을 테니까요.

그러면 대장균은 어떻게 하나요?

대장균은 젖당 분해 효소를 만들어요.

젖당을 분해하는 일꾼이 필요하기 때문이죠.

이런 의문이 생길 거예요. 도대체 대장균은 젖당이 온 것을 어떻게 알고 효소를 만들까? 대장균, 머리 좋네? 좋은 질문입니다. 젖당은 대장균의 DNA에 영향을 주어 젖당을 분해하는 효소가 만들어지게 합니다. DNA에 무엇이 있죠? 유전자! 그렇지요. 유전자가 효소의 합성에 관계하고 있는 것입니다.

일꾼이 더 이상 일을 못하게 한다

일꾼이 일을 지나치게 많이 하지 못하도록 하는 방법도 있답니다. 이런 말이 생각나네요. "지나친 것은 부족한 것과 같다." 세포의 일꾼이 지나치게 일을 많이 하면 부족한 것과 다를 바 없답니다. 필요도 없는 물질이 잔뜩 생겨나면 세포에 부담이 될 테니까요. 그 물질을 만드는 데 쓸데없이 원료만 들어가기도 하고, 쌓여 있는 물질이 세포의 일을 방해하기도 할 테지요.

그래서 세포는 효소가 일을 못하게 방해하는 방법을 갖고 있답니다.

세포가 다음과 같이 A라는 물질을 B로 바꾸고, B를 C로 바꿔서 꼭 필요한 물질 D를 얻는다고 해 봅시다. 그리고 (가), (나), (다)는 효소라고 해 봐요.

(가) (나) (다)
A → B → C → D

효소들이 일을 하다 보니 D가 많이 생겼어요. 그러면 A를 B로 바꿀 필요가 없게 되지요. A를 B로 바꾸는 효소 (가)가

더 이상 일을 할 필요가 없게 된 거예요. 마찬가지로 효소 (나)와 (다)도 더 이상 일을 할 필요가 없고요.

여기서 질문 하나를 할게요. D가 충분할 때 (가), (나), (다) 중 어떤 효소가 일을 못하도록 하는 것이 좋을까요? 만일 (나)가 일을 못하도록 하면 B가 많이 생겨나겠지요? 그러면 (가)는 하지 않아도 될 일을 하는 셈입니다. 그러므로 (가)가 일을 하지 못하도록 말리는 것이 가장 좋을 겁니다. 그러면 (나)와 (다)는 할 일이 없어지고, 저절로 D는 더 이상 생기지 않게 되는 겁니다.

호르몬에 의해 조절한다

우리 몸은 잘 조절되고 있습니다. 머리부터 발끝까지 말입니다. 이것은 여러분의 나라, 한국이 하나의 국가를 이루며 잘사는 것과 같답니다.

우리 몸을 조절하는 센터는 바로 뇌랍니다. 뇌의 지시에 따라 각 세포들이 일을 한다고 볼 수 있답니다. 그런데 뇌는 어떻게 세포들에게 지시를 하나요? 그것은 바로 호르몬에 의해서입니다. 호르몬이 세포에게 연락을 하면 세포는 그 연락에

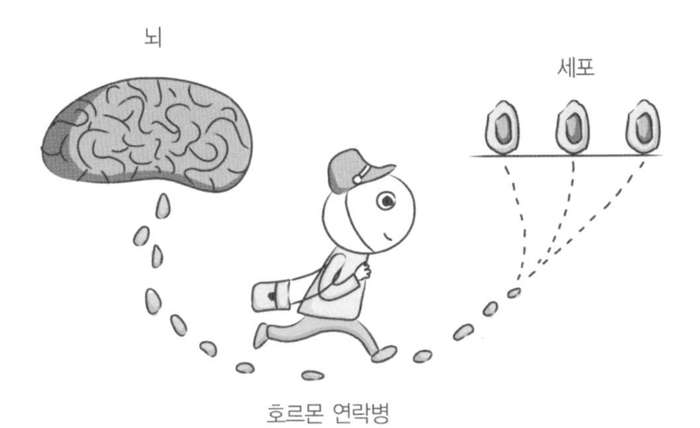

따라 일을 하게 되는 것이지요.

호르몬이 세포에게 와서 문을 두드리면 세포는 그 호르몬이 어떤 종류인지를 알아본답니다. 호르몬의 종류에 따라 세포는 일을 달리하니까요. 그러니까 A라는 호르몬이 왔으면 a라는 일을, B라는 호르몬이 왔으면 b라는 일을 하는 식이지요. 그럼 어떻게 일을 하나요? 주로 잠자는 효소를 깨우는 경우가 많습니다. 다시 만들기에는 시간이 없으니까요.

미리 만들어 놓되 효소에다 자물쇠를 채워 놓는다든가, 아니면 부속 하나를 덜 끼워 놓았다가 연락이 오면 다른 효소가 얼른 부속 하나를 끼워 놓든가 하지요. 하나의 효소가 다른 효소의 잠을 깨우고, 또 잠이 깬 효소가 다니면서 다른 효소의 잠을 깨우고, 이렇게 해서 순식간에 세포는 여러 가지 일

을 하는 것입니다.

여기서 여러분은 효소와 호르몬이 하는 일을 구분하게 되었습니다. 호르몬은 세포에게 일을 하라고 알려 주는 '연락병'이고, 효소는 호르몬의 연락에 따라 일을 하는 세포의 '일꾼'이네요. 자, 기억해 두세요.

호르몬은 연락병이고, 효소는 일꾼이다.

만화로 본문 읽기

공사가 한창이라 다들 정신이 없어요.
지하철 공사
HUN DAI
정신이 없는 것 같지만 실제로는 자기가 맡은 일을 정확하게 진행하고 있어요.

우리 몸도 마찬가지예요. 복잡한 것 같지만 각 부분이 자기가 맡은 일을 정확하게 하고 있답니다.
근데 각자 자신이 할 일을 어떻게 알고 하는 건가요? 지시하는 사람도 없는데요.
무사고

대장균은 포도당을 분해해 에너지를 얻습니다. 그럼 만약 우리 몸에 젖당이 들어오면 어떻게 해야 할까요?
젖당을 분해할 수 있는 일꾼들을 만들어야지요.
교회
×△ 은행
×△ 슈퍼

맞아요. 대장균은 젖당 분해 효소를 만들어 포도당으로 분해한답니다.
그런데 대장균에 눈이 있는 것도 아니고 어떻게 젖당이 온 것을 알 수 있나요?

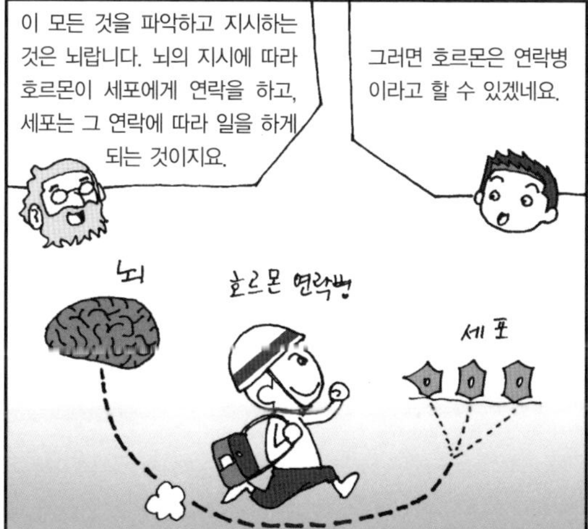
이 모든 것을 파악하고 지시하는 것은 뇌랍니다. 뇌의 지시에 따라 호르몬이 세포에게 연락을 하고, 세포는 그 연락에 따라 일을 하게 되는 것이지요.
그러면 호르몬은 연락병이라고 할 수 있겠네요.
뇌
호르몬 연락병
세포

네, 호르몬의 지시를 받은 세포는 잠자는 효소를 깨우고 그 효소가 다니면서 다른 효소의 잠을 깨워서 순식간에 세포가 여러 가지 일을 할 수 있게 한답니다.
효소는 부지런한 일꾼이네요.
으샤
으샤

일곱 번째 수업 7

효소가 일을 잘할 수 있는 조건

효소는 어떤 조건에서 일을 잘할 수 있을까요?
효소의 성질을 통해 효소가 활성화될 수 있는 조건에 대해 알아봅시다.

7

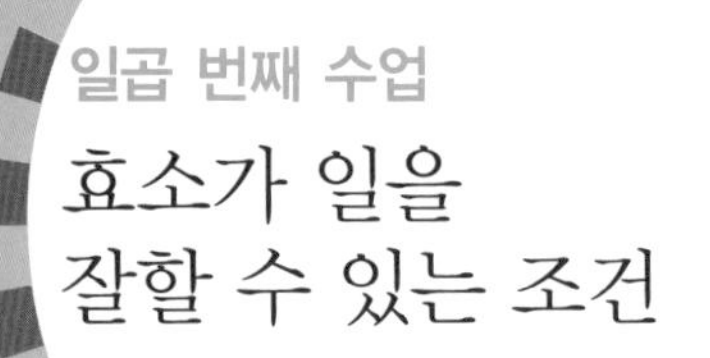

일곱 번째 수업

효소가 일을 잘할 수 있는 조건

교과연계

교과	단원
초등 과학 5-1	1. 식물의 잎이 하는 일
초등 과학 5-2	8. 에너지
중등 과학 1	7. 상태 변화와 에너지
중등 과학 1	8. 소화와 순환
고등 생물 II	1. 세포의 특성

퀴네가 지난 시간에
배운 내용을 상기시키며
일곱 번째 수업을 시작했다.

효소는 우리 몸의 일꾼이라고 했습니다. 그런데 그 일꾼들도 성질이 있답니다. 여기서 '성질'이란 단순히 특징이라고 생각하면 되겠네요. 효소가 일을 잘할 수 있는 조건은 효소의 특징과 관련이 있답니다.

우리의 일꾼은 열을 싫어한다

여러분은 단백질이 연약하다는 것을 알고 있나요? 아마 알

고 있을 것입니다. 머리카락을 불 가까이 대어 보세요. 쉽게 구부러져서 모양이 변한답니다. 머리카락은 거의 단백질로 이루어져 있기 때문입니다. 면으로 된 실은 불에 가까이 대어도 모양의 변화가 거의 없답니다. 면은 탄수화물로 된 섬유질인 셀룰로오스로 이루어져 있어 단백질처럼 열에 약하지 않기 때문이죠.

단백질이 열에 약하다는 더 좋은 예는 달걀흰자가 열에 의해 쉽게 하얗게 변하는 것입니다. 달걀을 반숙하면 흰자는 하얗고 단단하게 변하지만 노른자는 아직 굳어지지 않은 것을 볼 수 있습니다. 그것은 달걀흰자를 구성하는 영양소가 단백질이기 때문입니다. 단백질에 열을 가하면 변형이 됩니다. 변형이 되면 빛의 투과성이 달라져 희게 보이는 것이죠.

단백질이 열에 의해 변형된다고 하면 실감이 덜할 수도 있겠네요. 그렇다면 비닐을 불에 가까이 대어 보세요. 비닐이 우그러지지요? 마치 비닐의 모습이 열에 의해 바뀌는 것처럼 단백질도 그렇답니다. 모양이 변하는 것이지요. 이것을 좀 유식한 말로 '입체 구조가 변한다'고 말한답니다.

그런데 열에 의해 하얗게 변한 달걀흰자가 식으면 다시 투명하게 되던가요? 아니죠. 단백질은 열에 의해 변형되면 원래의 모습으로 돌아가지 않는답니다.

효소와 기질은 열쇠와 자물쇠의 관계에 있다고 했었죠? 만일 자물쇠가 쭈그러져 봐요. 열쇠가 맞지 않겠죠? 효소가 열을 받으면 어떻게 될까요? 기질과 결합할 수 없게 될 것입니다.

효소가 일을 잘하기 위해 필요한 조건은 바로 적당한 체온

이랍니다. 효소의 변형은 보통 40℃ 이상부터 시작됩니다.

이런 생각을 해 보세요. 아주 뜨거운 떡을 먹으면 침에 있는 아밀라아제가 일을 잘할 수 있을까요? 아마 일을 잘할 수 없을 겁니다. 아밀라아제의 모양이 변해서 떡의 주성분인 녹말과 잘 결합할 수 없기 때문입니다.

하지만 생물이 가지는 모든 효소가 40℃ 정도에서 모두 변형되는 것은 아니랍니다. 미생물 중에는 온천수가 솟아 나오는 곳에서 사는 것도 있으니까요. 온천수의 온도가 70℃ 이상으로 치솟기도 하지만 죽지 않고 너끈히 살아가지요. 이런 미생물의 효소는 분명 열에 의해 변형이 잘되지 않을 것입니다. 그래야 뜨거운 곳에서 살 수 있을 테니까요.

우리의 일꾼은 추워도 일을 못한다

앞에서 효소는 열에 약하다는 이야기를 했지요. 그렇다면 온도가 낮을 때는 어떨까요?

온도가 낮아도 효소는 일을 잘하지 못합니다. 그러나 효소의 모양이 바뀌어서 그런 것은 아니지요. 같이 생각해 봅시다.

온도가 낮으면 분자 운동이 어떻게 되지요?

느려진답니다.

그렇다면 온도가 낮을 때 기질과 효소가 잘 만날 수 있을까요?

아닙니다. 온도가 낮으면 기질의 운동이 둔해진답니다.

그래서 기질이 효소와 만나는 횟수가 감소합니다.

결국 효소는 일을 잘하지 못하게 되지요.

어린아이들은 가만히 있는 때가 드뭅니다. 몸에 에너지가 넘치기 때문입니다. 초등학교 1학년 교실에 가 보세요. 쉬는 시간이 되면 와글와글 교실이 난리가 납니다. 하지만 노인들은 가만히 앉아 있는 것을 좋아하지요. 몸에 힘이 없기 때문입니다.

분자 운동도 마찬가지랍니다. 온도가 낮아지면 분자들도 움직이는 것을 좋아하지 않지요. 그래서 온도가 낮으면 효소의 성능이 떨어지는 것이랍니다.

냉장고에 음식을 넣어 두는 까닭은 무엇인가요? 온도가 낮으면 세균의 효소는 잘 작용하지 못해서 음식이 상하는 것을 방지할 수 있기 때문이지요. 하지만 냉장고 안에서도 느리긴 하지만 세균의 효소는 활동을 한답니다. 그러므로 냉장고에 음식을 넣어 두었다고 아주 안심해서는 안 되겠지요. 시간이 지나면 상할 테니까요.

우리의 일꾼은 지조가 있다

지조는 무엇이죠? 일편단심, 한 번 마음먹으면 바뀌지 않는 것을 말합니다. 춘향이가 이 도령만을 사랑한 것과 같은 것이죠.

효소에게 지조가 있다는 이야기는 이미 했습니다. 여러분도 벌써 눈치를 챘을 것입니다. 효소에게 지조가 있다는 말은 효소가 한 가지의 기질하고만 반응한다는 것이지요. 자기의 활성 부위와 모양이 들어맞는 기질하고만 반응을 하니까요. 열쇠

와 자물쇠처럼 말입니다. 이런 효소의 성질을 생물학에서는 '기질의 특이성'이라고 한답니다. 아밀라아제가 녹말하고만 반응하듯이 말입니다.

그렇다면 기질은 한 가지 효소하고만 반응을 할까요? 그렇지는 않습니다. 쌀로 떡을 만들기도 하고, 과자를 만들기도

하고, 술을 만들기도 하듯, 하나의 기질에 어떤 종류의 효소가 반응하느냐에 따라 다른 물질로 될 수 있는 것입니다. 결국 기질은 지조가 없는 셈이네요. 그래서 하나의 기질을 놓고 여러 효소가 경쟁을 하는 경우가 생기게 되는 것입니다. 이런 경쟁을 적절하게 조절하는 것도 세포에게는 아주 중요한 일이랍니다.

기질이 많을수록 일꾼은 신이 난다

언젠가 아주 더운 여름날 풀장에 갔었습니다. 그런데 사람이 너무나 많아서 '사람 반, 물 반'이었어요. 그러다 보니 수영하다 다른 사람들과 부딪치기 일쑤였고 그래서 다툼이 자주 일어났지요.

사람들을 분자라고 생각해 보세요. 그리고 사람이 서로 부딪치는 것을 분자끼리 부딪치는 거라고 생각하고요. 그러면 효소 주위에 기질이 많아야 화학 반응이 잘 일어난다는 것을 쉽게 이해할 수 있을 거예요. 기질과 효소가 서로 만나는 것이 중요하니까요. 넓은 풀장에 단 두 사람만 있다고 해 봐요. 서로 부딪칠 일은 별로 없을 테지요. 마찬가지랍니다. 효소와 기질이 멀리 있다면 서로 만날 기회가 없겠지요.

그렇다면 효소는 기질의 농도가 높을수록 일을 잘할 수 있을까요? 그렇진 않답니다. 한계가 있지요. 기질과 효소가 결합해야 화학 반응이 일어난다고 하면 모든 효소가 기질과 결합한 상태를 생각해 볼 수 있겠지요. 즉, 포화 상태라고나 할까요.

이런 예를 들어 보면 어떨까요? 가을에 밤을 주우러 산에 갔다고 해 봅시다. 밤이 땅바닥에 떨어져 있어요. 밤을 주워 바구니에 담으면 자기 것이 된다고 해요. 단, 밤을 하나씩만 집을 수 있다고 규칙을 정합니다. 밤이 드문드문 있으면 밤을 줍기가 어렵겠지요. 그러나 밤이 촘촘히 떨어져 있을수록 줍는 속도는 빨라질 겁니다. 하지만 밤이 아무리 촘촘히 있다 해도 줍는 속도에는 한계가 있어요. 밤을 집어서 바구니에 넣는 데 시간이 걸리니까요.

효소와 기질의 관계도 마찬가지예요. 기질이 아무리 효소 주변에 많다고 해도 기질이 효소와 결합했다 떨어지는 데 걸리는 시간이 있으니까요.

일꾼은 중성을 좋아한다

여러분은 중성이라는 말을 들어보았나요? 남성과 여성의 중간을 말하는 게 아니고, 산성과 염기성의 중간을 말하는 것입니다.

여러분, 신맛이 나는 게 산성인가요, 아니면 염기성인가요? 바로 산성이지요. 염산, 초산, 황산 등이 다 산성 물질이랍니다. 이런 물질을 물에 타면 물이 산성화되지요. 염기성 물질로는 수산화나트륨이 잘 알려져 있습니다.

대부분의 효소는 산성이나 염기성을 싫어한답니다. 중성을 좋아하지요. 그러므로 물고기가 사는 물이나 미생물이 많이 사는 토양이 산성화되는 것은 생물이 살아가는 데 좋지 않답니다. 나무나 풀도 마찬가지이고요.

하지만 효소의 종류에 따라 산성이나 염기성에서 활동을 잘하는 것도 있답니다. 우리의 위 속에서 작용하는 펩신이라는 효소는 아주 강한 산성에서 일을 잘한답니다. 위에서 위산(염산)이 나오기 때문에 펩신은 산성에서 일을 잘하도록 되어 있지요.

김치를 놓아두면 신맛이 나죠? 이렇게 신맛이 나는 김치에

는 미생물이 잘 번식할 수 없답니다. 그래서 오래된 김치도 마음 놓고 먹을 수 있는 것입니다. 김치에는 김치를 숙성시키는 유산균만 살 수 있답니다. 그럼 김치 안에 있는 유산균은 산성에서도 잘 견디겠죠?

여덟 번째 수업

먹을거리와 효소

효소와 먹을거리는 어떤 관계를 맺고 있을까요?
효소를 이용하여 만든 다양한 음식에 대해 알아봅시다.

8

여덟 번째 수업

먹을거리와 효소

교. 과. 연. 계.	
초등 과학 5-1	1. 식물의 잎이 하는 일
초등 과학 5-2	8. 에너지
중등 과학 1	7. 상태 변화와 에너지
중등 과학 1	8. 소화와 순환
고등 생물 II	1. 세포의 특성

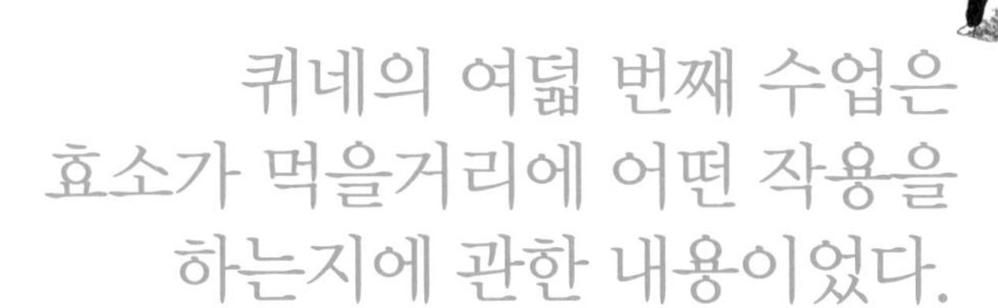

퀴네의 여덟 번째 수업은
효소가 먹을거리에 어떤 작용을
하는지에 관한 내용이었다.

우리의 생활과 효소는 많은 관련이 있답니다. 특히 먹을거리와 효소는 오랜 옛날부터 밀접한 관계를 맺어 왔지요. 이번 시간에는 먹을거리와 효소의 관계를 살펴볼까 해요.

빵

여러분도 빵을 참 좋아하지요? 저도 부드러운 빵을 먹으면 기분이 좋아진답니다. 부드러운 빵은 어떻게 만들까요? 여기

에도 효소가 작용한답니다.

아밀라아제는 녹말을 분해하는 효소랍니다. 아밀라아제를 적당히 넣으면 녹말이 조금 분해되지요. 그러면 반죽이 부드러워지고 잘 늘어나게 된답니다. 그리고 빵에 넣는 효모도 이용하기에 편리해진답니다. 녹말이 분해되면서 효모가 이용하기 쉬운 당이 생겨나기 때문입니다.

여러분, 밀가루 반죽에 효모를 넣으면 반죽이 부풀어 오르는 원리는 알고 있나요? 효모가 당을 분해하는 과정에서 이산화탄소가 생겨나기 때문이랍니다. 그때 생긴 이산화탄소는 밀가루 반죽 안에 갇히게 되죠. 그러면 기포가 생겨 반죽이 부풀어 오릅니다. 이렇게 부풀어 오른 빵은 부드러워져서 먹기에 좋아집니다.

효모를 넣어 반죽한 밀가루를 보관하려면 어떻게 해야 할까요? 냉장고에 넣어 두면 됩니다. 그러면 온도가 낮아 효모의 효소가 작용을 잘 못하게 되고 밀가루 반죽도 부풀어 오르지 않겠죠. 냉장고에 보관하다 나중에 온도를 높여 주면 그때 다시 효모가 작용하게 되지요.

치즈

한국에서도 치즈 소비량이 점점 증가하고 있다고 합니다. 하지만 유럽에 갔을 때 치즈 냄새를 맡고 기겁한 적이 있다고 말하는 사람들도 많답니다.

발효 음식은 대개 냄새가 좋지 않지요. 김치도 먹기에는 좋으나 냄새는 별로 좋지 않습니다. 특히 서양 사람들은 김치 냄새를 못 견뎌 하지요. 반면 한국인들은 서양 사람들이 즐겨 먹는 치즈 냄새를 별로 좋아하지 않는답니다.

치즈도 역시 발효 식품이지요. 치즈는 우유를 발효시킨 식품입니다. 우유에 유산균을 집어넣어 발효시킨 것입니다. 그런데 치즈는 우유와 달리 단단합니다. 그럼 치즈는 어떻게 해서 단단해진 걸까요? 여기에는 효소가 작용한답니다.

발효시킨 우유를 굳게 하는 데는 레닛이 이용됩니다. 레닛이란 어린 송아지의 위에서 추출한 물질로서 그 속에는 레닌이라는 효소가 포함되어 있지요. 우유에 레닛을 가하면 레닌의 작용으로 두부처럼 굳어집니다. 이것을 세게 눌러 더 단단히 만든 다음 숙성시키면 치즈가 됩니다.

치즈의 종류는 400여 종이 넘는다고 합니다. 한국에 다양한 종류의 김치가 있듯이 말입니다. 치즈의 종류는 치즈를 만든 뒤 숙성하는 과정에서 작용하는 곰팡이나 미생물의 종류에 따라 결정되는 경우가 많습니다.

그런데 레닛이 어린 송아지로부터 얻기 때문에 어린 송아지를 많이 도살해야 하는 문제가 있었습니다. 치즈를 만들기 위해 어린 송아지를 잡는다니 좀 잔인하네요. 또한 치즈의 수요가 늘면서 송아지로부터 얻는 레닛이 부족해졌지요.

그런데 일본의 아리마 교수가 곰팡이로부터 레닛과 비슷한 작용을 하는 성분을 발견하였습니다. 그래서 요즘에는 유럽에서 치즈를 만들 때 이것을 이용한다고 합니다. 치즈의 본고장인 유럽에서가 아닌 동양에서 이런 발견이 이뤄졌다니 좀 의아하긴 하네요.

식혜

여러분들도 식혜를 마셔 보았지요? 주로 명절 때 많이 먹지요. 식혜는 효소를 이용하여 만든 음료수랍니다. 식물의 효소를 이용하지요.

보리의 싹을 조금 틔워 말린 것을 엿기름이라고 합니다. 엿기름에는 아밀라아제라는 효소가 들어 있답니다. 사람의 침에 들어 있는 아밀라아제와 같은 종류이지요. 아밀라아제는 녹말을 엿당으로 분해하는 효소라는 것을 기억하지요? 엿기름에 왜 아밀라아제가 들어 있을까요? 같이 생각해 봅시다.

보리가 싹이 나려면 물질을 합성해야 해요.

물질을 합성하려면 에너지가 필요합니다.

에너지를 얻으려면 어떻게 해야 한다고요?

영양소를 분해해야 하지요.

보리의 주 영양소는 무엇인가요?

녹말이랍니다.

이제 엿기름에 아밀라아제가 많이 들어 있는 이유를 알겠지요?

싹을 틔우는 데 녹말을 이용하기 위해서랍니다.

자, 이제 식혜를 만들어 볼까요?

우선 엿기름을 갈아서 체로 거릅니다. 걸러 낸 엿기름가루에 물을 부어 놓으면 엿기름가루는 가라앉고 맑은 물이 윗부분에 생겨납니다. 맑은 부분의 물에 무엇이 들어 있을까요? 아밀라아제가 들어 있답니다.

된밥에 맑은 엿기름물을 부은 다음 따뜻한 곳에 놓아두지요. 그러면 어떤 일이 일어날까요? 엿기름물 안에 있는 아밀라아제가 밥의 녹말을 분해하여 엿당으로 만든답니다. 4~5시간이 지난 다음에 밥알이 동동 뜨면 식혜가 됩니다. 이렇게 만든 식혜를 끓인 후 식혀 먹습니다.

여기서 한 가지 질문을 해 봅시다. 밥에 엿기름물을 부은 다음 왜 따뜻한 곳에 둘까요? 엿기름의 아밀라아제는 특이하

게도 50℃ 정도에서 활발하게 작용하기 때문이랍니다.

그럼 한 가지 더 질문을 해 볼까요?

마지막에 왜 식혜를 끓일까요? 첫째는 더 이상 효소들이 작용하지 못하도록 하기 위해서입니다. 엿기름 안에는 아밀라아제 외에도 여러 가지 효소가 들어 있거든요. 둘째는 살균을 하기 위해서지요. 사람이 먹을 음료이니까요.

혹시 할머니와 함께 사는 친구가 있나요? 할머니께 여쭤보세요. 엿기름이 어떤 작용을 하는지를요. 아마도 밥에서 당분이 빠져나오게 하기 위해서라고 답하실 것 같네요. 하지만 당분이 빠져나오게 하려는 것이 아니라 밥알의 녹말을 분해하여 엿당을 만들려고 하는 것이랍니다.

그런데 식혜를 만들 때 마지막에 설탕을 넣는 경우가 있어요. 그것은 단맛을 진하게 하기 위해서랍니다. 설탕이 식혜를 만드는 데 어떤 작용을 하는 것은 아니지요. 단지 식혜 특유의 맛에 설탕을 넣어 단맛을 더하고자 하는 겁니다. 대개 순수한 식혜는 단맛이 덜하거든요.

젓갈

젓갈은 구수한 맛이 있습니다. 그래서 김장을 할 때나 음식을 만들 때 넣습니다. 대표적인 젓갈은 새우젓입니다. 한국에서 새우젓으로 유명한 곳이 어딘가요? 충청남도에 있는 광천이지요. 새우젓과 효소는 무슨 관계가 있을까요?

동물의 몸에는 단백질을 분해하는 효소가 있답니다. 몸에서 쓸모없게 된 단백질을 분해하는 작용을 하지요. 그러나 이 효소는 그러한 기능을 잘 조절하여 함부로 단백질을 분해하지는 않는답니다. 그렇지 않으면 우리 몸이 견디지 못할 겁니다. 하지만 동물은 죽으면 이러한 조절 능력이 없어져 자신의 단백질을 분해하게 됩니다. 그래서 동물이 죽으면 몸이 쉽게 부패하는 것이죠.

새우젓은 이런 단백질 분해 효소의 성질을 이용한 것입니다. 단백질 분해 효소가 새우의 단백질을 적당히 분해하여 새우젓 특유의 맛이 나도록 하지요.

그런데 새우젓은 왜 짤까요? 그것은 단백질 분해 효소만 작용하게 하고, 다른 미생물의 번식은 막기 위해서 소금을 뿌리기 때문이랍니다. 미생물이 번식을 하면 당연히 부패하겠죠.

된장, 간장

된장이나 간장은 발효 식품입니다. 발효 식품이란 미생물이 영양소를 미리 분해해 놓은 식품이라고 할 수 있습니다. 미생물이 영양소를 분해하여 놓으면 특유의 맛이 생겨나며 소화가 쉽게 된다고 합니다. 그래서 치즈나 김치, 된장, 간장 등은 아주 오래전에 만들어져서 오늘날까지도 인기가 대단하지요.

된장이나 간장은 콩을 원료로 합니다. 보리나 쌀은 녹말이 주성분이지만 콩은 단백질이 주성분입니다.

그럼 된장이나 간장은 어떻게 만드나요? 쉽게 말하면 곰팡이나 세균이 가지는 단백질 분해 효소가 콩의 단백질을 분해하도록 하는 것입니다. 이미 단백질을 분해하여 놓았으니 사람이 먹으면 소화의 부담이 적어져 속이 편안합니다. 또한 단백질을 분해하면 아미노산이 생겨나는데, 여러 가지 아미노산은 특유의 맛을 내기 때문에 맛이 좋아지는 조미료 효과를 내기도 합니다.

오징어

한국인에게 오징어는 참 친근한 먹을거리입니다. 특히 마른오징어는 정말 맛있습니다. 냄새가 좀 심하긴 하지만요.

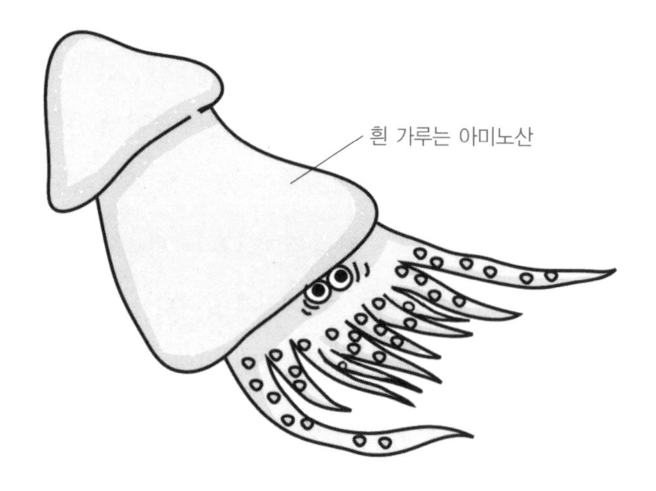

마른오징어가 맛있는 이유는 무엇일까요? 오징어를 말리는 동안 효소가 오징어의 단백질을 분해하기 때문입니다. 마른오징어를 보면 겉 부분에 흰 가루가 보이지요? 그것은 단백질이 분해되어 생긴 아미노산입니다. 효소가 단백질을 분해하여 놓았기 때문에 오징어 살이 연해져 먹기에 좋을 뿐만 아니라 맛도 좋습니다.

결국 미생물에 의한 발효 식품과 다를 바 없는 거지요. 그러고 보니 마른오징어를 만드는 것이나 새우젓을 만드는 것은 원리가 같은 셈이네요. 둘 다 단백질 분해 효소가 작용하니까요.

하지만 세균의 번식을 막는 방법은 다르답니다. 새우젓은 어떻게 세균이 번식하지 못하도록 한다고 했지요? 짜게 만들어서! 그러면 오징어의 경우는? 건조시켜서 세균이 번식하지 못하도록 합니다. 물기가 없으면 세균이 번식하기 어렵거든요.

말이 나왔으니 말이지 세균이 번식하지 못하도록 하는 방법에는 무엇이 있나요? 쉽게 말하면 음식물을 보관하는 방법 말입니다. 같이 생각해 봅시다.

첫째, 짜게 하여 보관한다.

둘째, 건조한다.

셋째, 냉장, 냉동 보관한다.

고기

쇠고기는 도살 직후보다 2~3일 찬 곳에 두어 저장한 것이

더 맛있다고 합니다. 단백질 분해 효소가 작용하도록 시간을 주는 것이지요. 이런 과정을 숙성이라고 합니다. 단백질 분해 효소가 작용한다는 점에서 새우젓이나 마른오징어를 만드는 방법과 비슷한 점이 있지요?

고기를 요리할 때 단백질 분해 효소가 들어 있는 과즙을 넣는 것도 한 가지 방법입니다. 이렇게 하면 고기가 연해지고 맛도 좋아지지요. 고기를 이루는 단백질에도 약간 질긴 종류가 있는데, 그런 종류의 고기에 효소를 넣어 단백질을 분해시켜 주면 먹기에 훨씬 좋아진답니다.

주스와 홍차

사과 주스는 왜 맑을까요? 원래 사과 주스는 물에 녹지 않는 펙틴이라는 물질이 있어 탁하답니다. 하지만 여기에 펙틴을 분해하는 효소를 넣으면 맑은 사과 주스를 얻게 되지요. 보기에도 좋고 맛도 좋고.

홍차 또한 효소의 작용으로 만들어집니다. 여러분들은 홍차가 녹차와 같은 식물로 만들어진다는 것을 알고 있나요? 홍차는 찻잎을 발효시키는 과정에서 효소에 의해 홍차 색이 되고 떫은맛이 줄어듭니다.

만화로 본문 읽기

어휴, 냄새야! 된장 뚜껑을 열어 놓으면 어떡해!
미안해, 깜빡했어.
하하, 발효 식품은 대개 냄새가 좋지 않아요. 치즈도 먹기에는 좋지만 냄새는 별로잖아요.

발효식품이란 어떤 건가요?
미생물이 영양소를 미리 분해해 놓은 식품이 발효 식품이에요. 미생물이 영양소를 분해해 놓으면 특유의 맛이 생겨나고 소화가 쉽게 되지요.
된장을 분해하자
미생물
콩
된장

치즈나 김치, 된장, 간장 등이 발효식품이지요.
된장이나 간장은 원료가 콩이잖아요.
된장이나 간장은 어떻게 만들죠?
치즈
된장
간장
김치

보리나 쌀은 녹말이 주성분이지만 콩은 단백질이 주성분이죠. 곰팡이나 세균, 가지는 단백질 분해 효소가 콩 단백질을 분해해서 만드는 거예요.
그렇군요.
어서 단백질을 분해하라!
와~

단백질을 분해하면 아미노산이 생기고 여러 가지 아미노산은 특유의 맛을 내기 때문에 맛이 좋아지는 조미료 효과를 내지요.
그래서 된장찌개나 간장을 넣은 국물 맛이 좋은 거군요.
간장

치즈는 어떻게 만드나요?
치즈는 우유에 유산균을 집어넣어 발효시킨 식품이에요. 레닌 효소의 작용으로 우유가 굳어지면 단단히 만든 다음 숙성시킨 것이 치즈예요.

아홉 번째 수업

생활과 효소

효소는 우리 생활에 어떤 영향을 줄까요?
우리 생활 속에서 친숙하게 사용되는 효소를 효과적으로 이용한 제품에 대해 알아봅시다.

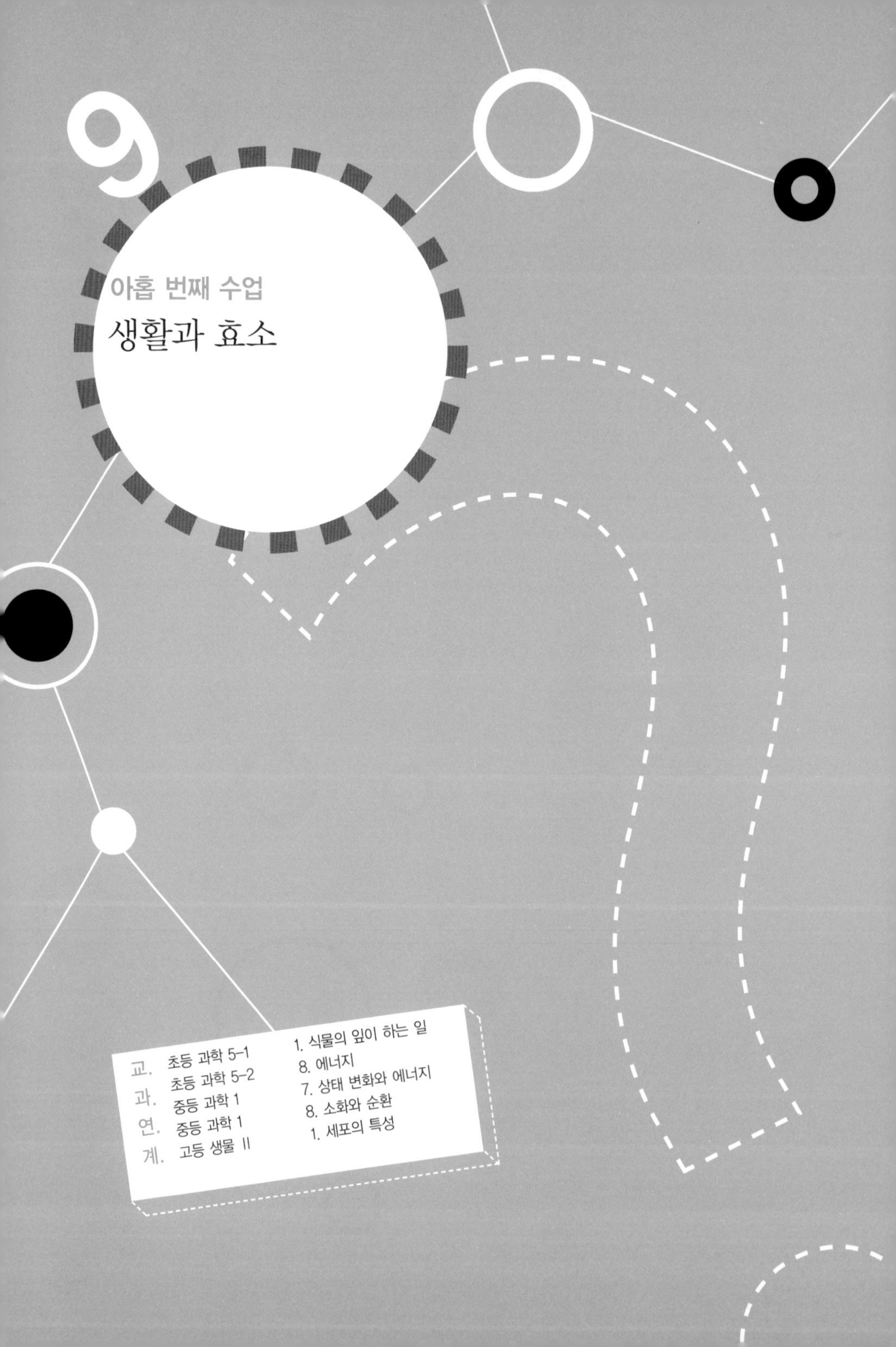

9

아홉 번째 수업

생활과 효소

교과연계

초등 과학 5-1	1. 식물의 잎이 하는 일
초등 과학 5-2	8. 에너지
중등 과학 1	7. 상태 변화와 에너지
중등 과학 1	8. 소화와 순환
고등 생물 II	1. 세포의 특성

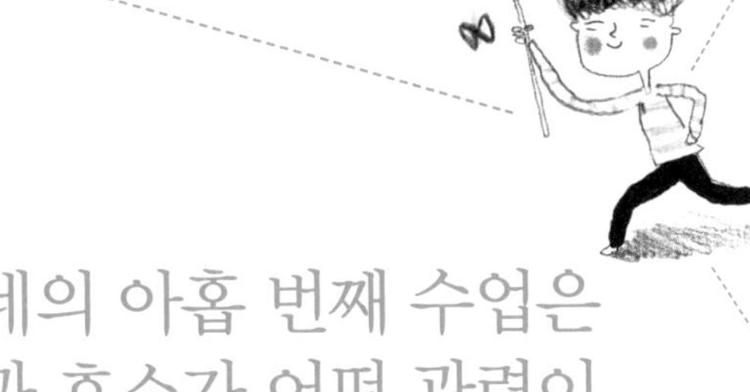

퀴네의 아홉 번째 수업은 우리 생활과 효소가 어떤 관련이 있는지 알아보는 내용이었다.

우리의 일꾼, 효소의 활동은 먹을거리에 그치지 않는답니다. 우리 생활 구석구석에서 활동을 하고 있지요. 효소가 생물체 밖에서도 활동할 수 있다는 것을 안 뒤로는 생활의 많은 부분에서 효소를 응용하기 시작했습니다.

향기 제조

꽃에 다가가면 향기가 납니다. 꽃향기는 참 좋지요. 꽃향기

는 향기가 나는 성분과 다른 성분이 결합되어 있는데, 효소가 그것을 분해하여 향기 성분이 공기 중으로 계속 나오게 한답니다. 향기를 내는 성분은 휘발성을 가지고 있어요. 휘발성이란 액체가 공기 중으로 날아가는 성질이랍니다. 그렇게 해서 우리 코를 계속 자극하지요. 꿀샘에 향기가 나는 성분이 있다고 합니다.

화장실에 들어갔을 때 향긋한 냄새가 나는 경우가 있어요. 화장실에 놓아두는 방향제는 꽃향기가 나는 원리를 이용한 것이랍니다. 방향제는 좋은 향기가 나도록 만든 제품이지요. 용기의 액체에는 향기 나는 성분이 다른 물질과 결합되어 있습니다. 액체 성분이 효소가 칠해져 있는 판으로 빨려 올라오면 효소가 그것을 분해하여 향기가 나는 성분이 증발해 나오는 것입니다. 그러면 액체 성분이 다 없어질 때까지 계속해서 향기가 나게 되지요.

세제

효소 중에는 분해를 전문으로 하는 효소가 많습니다. 소화효소가 대표적인 예라고 할 수 있지요. 세제에 이용되는 효소들도 분해를 전문으로 한답니다. 이런 효소들은 대부분 소화 효소가 같은 종류입니다. 단백질을 분해하는 효소, 지방을 분해하는 효소, 탄수화물을 분해하는 효소 등이지요. 옷에 묻은 때라는 게 대부분 기름기, 단백질, 탄수화물 등이거든요. 원래 우리가 사용하는 비누는 주로 기름기를 제거하는 성질을 가지고 있지요.

효소는 슈퍼 파워를 가지기 때문에 세탁할 때 효소 세제를 조금만 넣어도 된다는 장점이 있습니다. 그만큼 환경 보호에도 좋다는 이야기지요. 세제에 사용되는 효소는 대개 미생물로부터 얻은 것들로 낮은 온도에서도 활동을 잘한답니다.

하지만 세제에 있는 효소는 종류에 따라 피부에 닿으면 알레르기를 일으키는 것도 있습니다. 옷에 남아 있다가 피부에 닿으면 알레르기를 일으키지요. 그래서 사용할 때 주의가 필요하답니다.

치약

효소는 치약에도 이용됩니다. 여러분, 치석이 무엇인지 아나요? 세균이 만든 물질이 세균과 함께 이의 표면에 달라붙

은 것이랍니다. 달라붙은 세균은 젖산을 분비하여 이를 서서히 상하게 합니다. 결국 충치가 되는 것이지요.

세균에 의해 만들어져 이에 달라붙는 물질을 덱스트란이라고 부르는데, 이 물질을 분해하는 효소를 넣어 치약을 만듭니다. 그러면 치석에 의해 이가 상하는 것을 막을 수 있겠지요.

덱스트란이라는 물질은 사탕수수를 원료로 하는 설탕을 세균으로 분해하며 만듭니다. 설탕으로 만들어진 사탕이나 과자를 먹은 뒤에는 이를 잘 닦아야 합니다.

가죽 제품

가죽 가방, 가죽 장갑, 가죽 점퍼 등 가죽을 이용한 제품이 많은 것은 알고 있지요? 여러분은 '가죽' 하면 어떤 이미지가 떠오르나요? 아마 질기다는 느낌이 날 겁니다. 가죽이 질긴 것은 콜라겐이라는 질긴 단백질 때문이지요. 하지만 원래 동물의 피부에는 콜라겐 외에도 여러 가지 단백질이 있습니다. 이러한 단백질을 제거하고 콜라겐만을 남겨야 질 좋은 가죽이 되지요.

가죽 제품

이때 사용하는 것이 효소랍니다. 각각의 단백질에 작용하는 효소를 이용하여 콜라겐만을 가지는 가죽을 만들어 냅니다. 또한 동물의 피부에 나 있던 털을 제거하는 데도 효소가 사용된답니다.

청바지

청바지는 젊은이들의 옷입니다. 멋이 있기도 하고, 사시사철 입을 수도 있지요. 그런데 요즘 청바지를 보면 무릎이나 엉덩이가 하얗게 바랜 제품이 많이 나와요. 그런 제품은 오래 입어 색이 바랜 것처럼 보이게 만든 것이지요.

처음 이런 청바지가 나왔을 때 참 재미있는 옷이라고 생각

했습니다. 대개 새옷은 옷 전체에 염색이 잘되어 있는 게 정상인데, 이런 청바지는 처음부터 아예 색이 바랜 채로 나오니까요. 그러니 좀 이상해 보이기도 하고 재미있어 보이기도 했던 것입니다. 아무튼 색이 바랜 청바지는 젊은이들에게 아주 선풍적인 인기를 끌었지요. 여러분도 이런 청바지를 하나쯤은 가지고 있지요?

색이 바랜 청바지를 만드는 방법은 2가지가 있어요. 첫째는 돌로 가는 방법이지요. 돌로 천을 문질러서 색이 바랜 것처럼 만드는 방법입니다. 물론 손이 아니라 기계를 이용하지요. 둘째는 효소로 처리하는 거예요. 적당한 시간 동안 청바지의 면을 분해하는 효소로 처리하면 그 부분만 하얗게 된답니다. 이 방법은 천을 돌로 가는 방법보다 시간이 덜 걸리며 원하는 부분을 정확히 하얗게 만들 수 있기 때문에 널리 이용되고 있습니다. '바이오블루'라는 이름이 붙은 청바지가 바로 이렇게 만들어진답니다.

만화로 본문 읽기

선생님, 발효 식품만 효소를 이용한 먹을거리인가요?
아니에요. 효소는 우리 생활 구석구석에서 활동을 하고 있어요.

이 치약에도 효소를 이용하지요.
정말요?

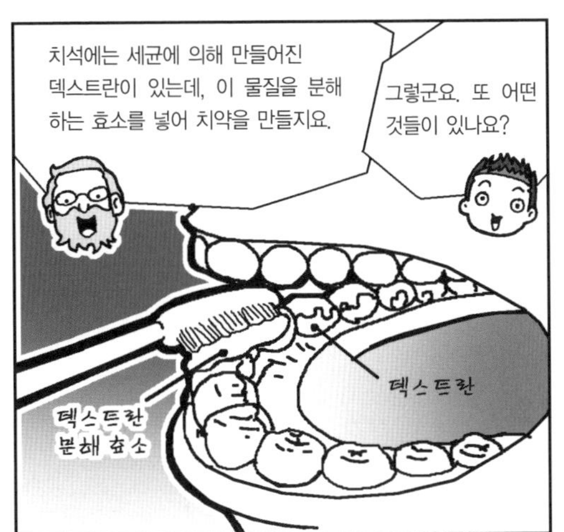

치석에는 세균에 의해 만들어진 덱스트란이 있는데, 이 물질을 분해하는 효소를 넣어 치약을 만들지요.
그렇군요. 또 어떤 것들이 있나요?
덱스트란
덱스트란 분해 효소

젊은이들에게 인기 있는 색이 바랜 청바지를 만드는 방법이 두 가지가 있는데 그중 한 가지가 효소로 처리하는 거예요.
우아, 정말요?

적당한 시간 동안 청바지의 면을 분해하는 효소로 처리하면 그 부분만 하얗게 되지요. 또 가죽을 이용한 제품에도 효소가 이용된답니다.
가죽 가방, 가죽 장갑, 가죽 잠바 같은 제품 말이지요?

동물의 피부 단백질에 작용하는 효소를 이용해 단백질을 제거하고 콜라겐만 사용해 질 좋은 가죽을 만들지요. 또 피부의 털을 제거하는 데도 효소가 사용되지요.
생활의 많은 부분에서 효소가 이용되고 있었네요.

열 번째 수업

10

효소와 건강

효소가 우리 건강에 영향을 미칠까요?
효소를 이용한 다양한 생활용품을 통해
우리의 건강과 효소의 관계에 대해 알아봅시다.

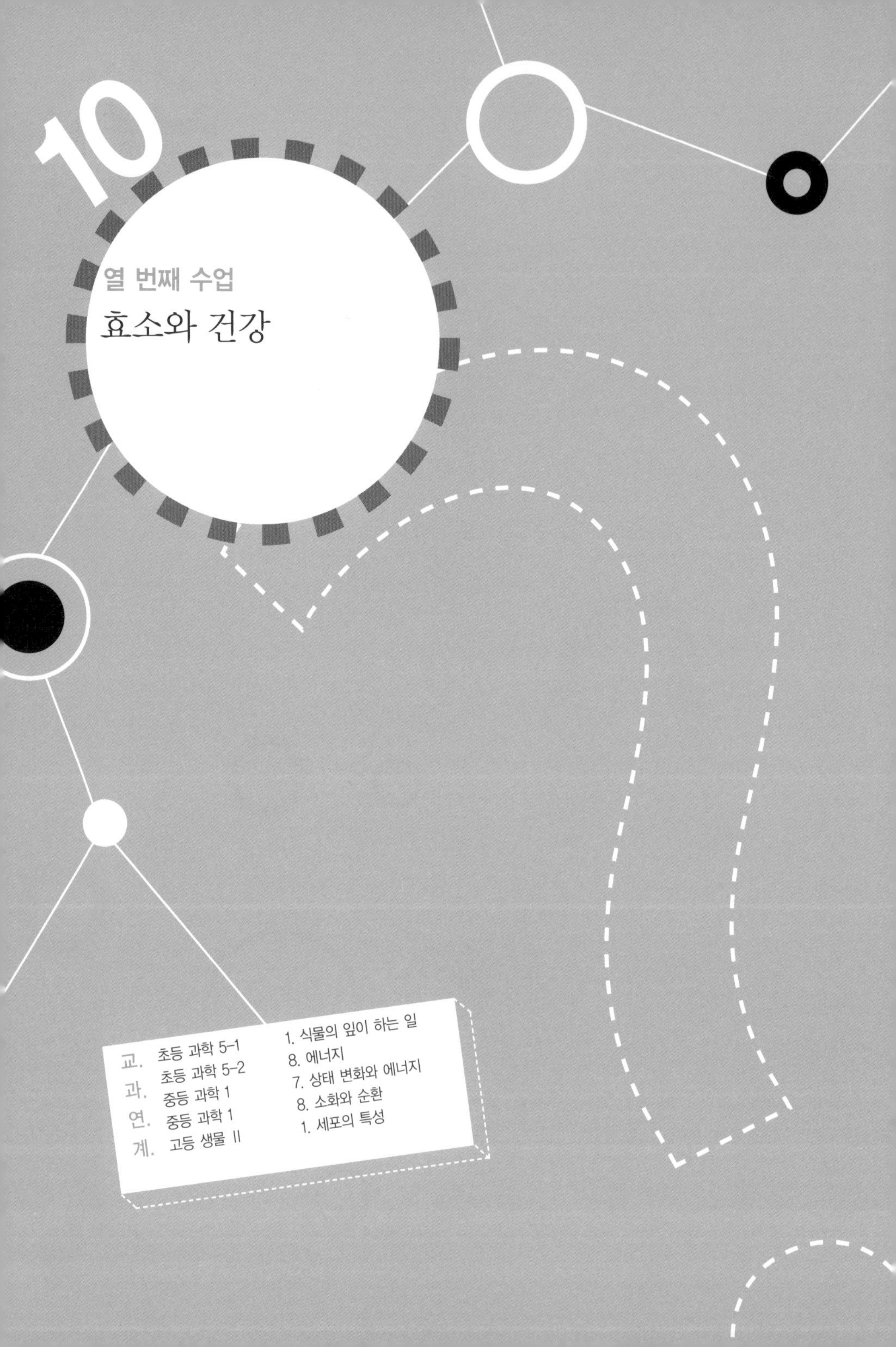
10
열 번째 수업
효소와 건강
교.
과.
연.
계.
초등 과학 5-1 1. 식물의 잎이 하는 일
초등 과학 5-2 8. 에너지
중등 과학 1 7. 상태 변화와 에너지
중등 과학 1 8. 소화와 순환
고등 생물 II 1. 세포의 특성

퀴네가 효소와 건강이라는 주제로 열 번째 수업을 시작했다.

우리의 건강과 효소는 깊은 관계를 맺고 있답니다. 우리 몸에 필요한 물질을 만들어 내는 효소가 없다면 우리 몸은 바로 이상이 나타나겠지요. 우리가 건강하게 살아간다는 말은 우리 몸의 효소가 제대로 갖춰져 있다는 의미이며, 또한 효소가 일을 잘하고 있다는 것을 의미하기도 합니다.

이번 수업에서는 우리의 일상생활에서 건강과 관련지어 이야기할 수 있는 몇 가지 효소에 대하여 생각해 봅시다.

우유와 효소

여러분들은 우유 마시는 것을 좋아하지요? 하지만 우유를 마셨을 때 배 속에 가스가 차는 느낌이 들어 괴로워하는 친구도 있을 겁니다. 우유를 먹었을 때 배가 더부룩한 데는 다 이유가 있답니다. 우유의 젖당 때문입니다. 그런데 젖당을 분해하는 소화 효소가 없으면 설사가 나거나 가스가 생기게 됩니다. 가스가 생기는 것은 소화되지 않은 젖당을 대장에서 세균이 분해하기 때문입니다.

젖당 분해 효소가 없는 것은 특이한 병이 아닙니다. 사실 북유럽, 인도, 아프리카에 사는 사람들과 중동의 유목민을 제외하고는 지구상의 많은 사람들에게 젖당 분해 효소(락타아제)가 없습니다. 이러한 증상을 '유당 불내증'이라고 하지요.

여러분들이 좋아하는 요구르트나 치즈는 젖당의 함량이 낮습니다. 그 이유는 발효 과정에서 분해되기 때문이랍니다. 그래서 우유보다는 요구르트를 먹었을 때 속이 편안한 느낌을 갖는 것입니다.

젖당 분해 효소가 없다고 우유를 마시지 말아야 할까요? 영양분이 풍부한 우유를 포기한다는 것은 참 아쉬운 일이지요. '유당 불내증'이 심한 경우에는 우유를 젖당 분해 효소와 같이

먹거나 아예 젖당의 함량을 낮춘 우유를 먹으면 됩니다. 이러한 이유로 젖당의 함량을 낮춘 우유 제조에 관심이 높아지고 있지요.

술과 효소

여러분들의 아버지는 술을 많이 마시는 편인가요? 여러분은 아직 술을 마시지 않겠지만 술에 대해 상식적으로 알아 두면 좋겠네요. 이 이야기를 듣고 아빠 엄마에게 설명해 주세요. 건강에 도움이 될 테니까요.

술은 적당히 마시면 몸에 좋다고 하지요. 하지만 지나치게

많이 먹는 것은 건강에 아주 좋지 않답니다. 그런데 사람에 따라 술을 조금만 마셔도 많이 취하는 사람이 있는가 하면, 많이 마셔도 별로 취하지 않는 사람이 있습니다. 어째서 이런 일이 생길까요?

술에 포함된 알코올은 대부분 간에서 분해됩니다. 1차적으로 분해되어 아세트알데히드라는 물질이 생기지요. 이때 알코올을 분해하는 것이 바로 효소입니다. 이 효소는 '알코올 탈수소 효소'라는 좀 긴 이름으로 불린답니다. 아세트알데히드는 다시 아세트알데히드 탈수소 효소에 의해 아세트산이 됩니다.

술을 마셨을 때 나타나는 증상 중에는 알코올에 의해 작용하는 것도 많으나 아세트알데히드의 작용도 많답니다. 얼굴이나 몸이 빨갛게 되거나 구토, 두통 등의 현상은 아세트알데히드의 작용 때문이랍니다.

만일 아세트알데히드를 분해하는 효소가 없다고 해 봅시다. 몸에 아세트알데히드가 많아질 거예요. 그러면 정말 큰

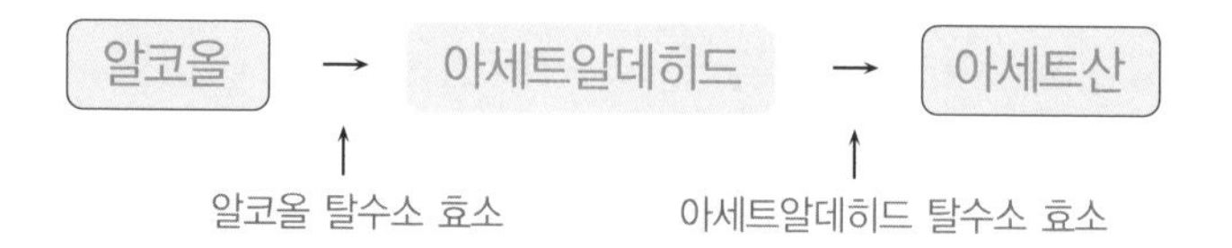

일이 날 수도 있습니다. 가끔 맥주 한 잔만 마셔도 정신을 못 차리는 사람이 있는데, 바로 그런 사람들은 알코올에 관련된 효소가 없거나 부족하기 때문이랍니다.

보통 서양인에 비해 동양인에게 아세트알데히드를 분해하는 효소가 부족하답니다. 그래서 서양인에 비해 동양인이 술에 약하다고 알려져 있지요.

술을 많이 먹으면 간에 가장 큰 부담이 됩니다. 간이 알코올을 제거하기 위해 애쓰기 때문이지요. 간 기능은 혈액 검사를 통해 알 수 있습니다. 바로 혈액 속의 GTP나 GOT의 양을 재는 것이지요.

GTP나 GOT는 원래 혈액에는 없고, 간세포에 들어 있는 효소들입니다. 그런데 간세포가 파괴되면 이 두 가지 효소가

세포 밖으로 나와 혈액을 타고 돌아다니게 되지요. 그래서 혈액 속에 이 2가지 효소가 많이 들어 있으면 '아하! 간세포가 많이 파괴됐구나' 하고 알게 되는 것입니다.

담배와 효소

술과 담배가 건강에 좋지 않다는 것은 모두 아는 사실입니다. 특히 담배의 해로움은 새삼스럽게 말할 필요가 없지요. 미국에서는 담배를 마약으로 분류한답니다. 몸에 해로울 뿐만 아니라 중독성이 있기 때문이랍니다. 여러분들은 절대로 담배를 배우지 마세요.

폐기종이라는 병이 있어요. 폐의 조직을 파괴하는 병이지요. 담배를 피우면 이 병에 걸릴 수 있답니다. 왜냐하면 담배를 피우면 백혈구가 폐로 모이게 된답니다. 담배 연기가 우리 몸의 면역 기능을 자극하기 때문이지요. 다시 말해서 우리의 뇌에서는 폐에 적이 들어왔다고 판단한다는 거지요. 그래서 적을 무찌르기 위해 가지고 있는 효소를 방출하는데, 이 효소가 폐 조직을 파괴한다는 겁니다. 어때요, 담배를 배우면 안 되겠죠?

의약품과 효소

효소는 약을 만드는 데도 많이 이용됩니다. 우선 소화제부터 이야기해 보죠. 소화제는 소화 효소로 만들어집니다. 소화 효소가 잘 분비되지 않거나 과식했을 경우 소화제를 먹지요. 물론 소화제를 자주 이용하는 것은 건강에 좋지 않습니다. 우리 몸의 소화 기능을 약하게 만들 수 있으니까요.

소화제는 캡슐에 넣어서 소장까지 보내는 방법이 이용되기도 합니다. 왜냐하면 사람의 위에서는 강산이 나오기 때문이지요. 소화제는 아밀라아제나 단백질 분해 효소, 지방 분해 효소 등과 섬유질을 분해하는 효소를 이용하여 만든답니다.

효소를 이용한 약으로 또 다른 예는 바로 염증에 바르는 약입니다. 몸에 상처가 나거나 염증이 생겼을 때 바르면 상처 부위를 깨끗이 치료해 주지요. 또한 붓는 것을 억제하기도 한답니다. 이 같은 효과를 갖는 약을 소염제라고 하지요. 소염제는 주로 단백질 분해 효소를 이용하여 만듭니다. 상처의 고름이나 딱지 등이 거의 단백질이거든요.

지혈에 이용되는 약도 효소가 들어간 경우가 있습니다. 이런 약에는 혈액이 잘 응고되도록 하는 효소가 들어 있습니다. 혈액이 응고하는 것은 출혈된 혈액에 피브린이라는 실 같은 물질이 생겨나기 때문인데, 지혈제는 이런 실 같은 물질이 잘 생기도록 하는 효소를 이용한 것입니다. 거꾸로 몸 안에서 실 같은 물질이 생기는 경우도 있는데 이를 막아 주는 효소 약도 있답니다. 그러니까 혈액의 응고 방지나 촉진에 관여하는 약도 효소로 만드는 것이지요.

의약품이라고 하기에는 좀 그렇지만 화장품에도 효소를 이용한답니다. 얼굴에 붙어 있는 여러 이물질을 말끔히 분해해 주는 효소를 이용한 것이지요. 그뿐만 아니라 효소를 첨가한 목욕용 미용 용품도 있답니다.

열 한 번 째 수 업

바이오센서와 생물 반응기

바이오센서와 생물 반응기는 무엇일까요?
효소를 붙잡아 두는 방식을 이용하여 만든 의료 기구에 대해 알아봅시다.

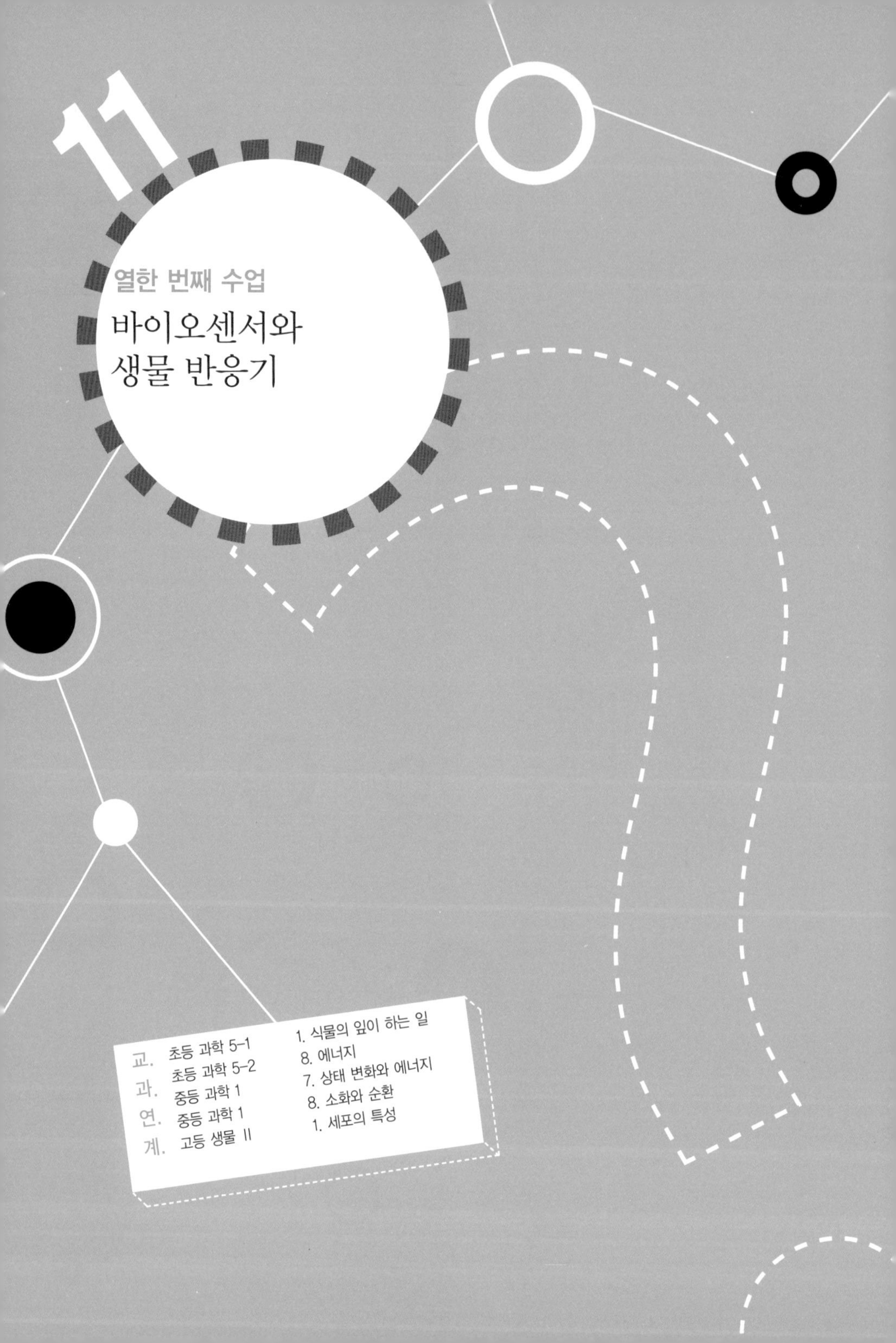

11

열한 번째 수업

바이오센서와 생물 반응기

교. 과. 연. 계.

초등 과학 5-1	1. 식물의 잎이 하는 일
초등 과학 5-2	8. 에너지
중등 과학 1	7. 상태 변화와 에너지
중등 과학 1	8. 소화와 순환
고등 생물 II	1. 세포의 특성

퀴네가 효소를 이용하는 방법에 대한 주제로 열한 번째 수업을 시작했다.

이번 수업에서는 효소를 붙잡아 놓고 이용하는 방법에 대해 소개할까 해요. 우리의 건강을 진단하거나 유용한 물질을 만드는 데 효소를 이용하는 방법이지요.

우리의 일꾼 효소는 원래 물에서 활동하는 것을 좋아합니다. 그런데 물에서 활동을 하면 한 번 이용한 효소를 다시 이용하기가 어려워지지요. 효소에 의해 생긴 물질과 효소를 걸러 내기가 어렵거든요.

효소 붙잡아 놓기

효소를 한곳에 붙잡아 놓으면 효소를 계속해서 이용할 수 있다는 장점이 있습니다. 효소를 하나의 가위라고 해 봅시다. 어떤 물질을 자르는 가위 말이에요. 가위가 물속에서 어떤 물질을 스스로 자릅니다. 그러면 다음에 나오는 그림처럼 가위로 자른 물질과 가위가 뒤범벅되겠지요. 이렇게 되면 효소만 다시 별도로 분리하기가 어려워지겠지요.

그러나 다음 그림처럼 가위를 쭉 붙잡아 놓았다고 해 봐요. 가위 위로 물질이 지나가요. 가위는 계속해서 자르고요. 그러면 가위가 잘라 낸 물질만 얻을 수가 있겠지요. 여기서 효소의 한 가지 성질을 기억해야 됩니다. 효소는 아무 물질하

고나 반응하지 않는다는 겁니다. 효소는 자기와 꼭 맞는 기질이 정해져 있다고 했지요? 그러므로 여러 물질이 지나가는 경우라도 효소는 자기와 반응하는 물질을 만나야 작용한답니다.

바이오센서

바이오(bio)라는 말은 '생물적'이라는 뜻입니다. 센서(sensor)라는 말은 '감지기'를 뜻하고요. 그러니까 '바이오센서'란 생물학적 감지기라고 할 수 있겠네요. 바이오센서는 주로 건강을 진단하는 데 많이 이용합니다. 요즘에야 공업적으로도 많이 이용하고 있지만요.

예를 하나 들어 볼게요. 혈액 속에 포도당이 지나치게 포함된 병을 당뇨병이라고 합니다. 당뇨병은 그 자체로는 병이라고 하기 어렵지만 병에 수반된 부작용이 무섭습니다. 병이 심할 경우 다리가 썩어 잘라 내야 하는 경우도 생기니까요. 그래서 병원에서 건강 진단을 할 때는 혈액 속의 포도당량, 그러니까 혈당량이 얼마나 되는지 진단합니다. 이때 바이오센서를 이용하지요.

바이오센서 안에는 포도당을 산화하는 효소가 막에 고정되어 있습니다. 포도당을 산화하는 효소란 포도당과 산소를 반응시키는 효소를 말합니다.

바이오센서에는 포도당 산화 효소가 붙어 있는 막이 들어 있어, 혈액을 넣으면 혈액 속에 있는 포도당이 산화됩니다. 그러면 바이오센서 안에 넣은 혈액 속의 산소량이 감소하게

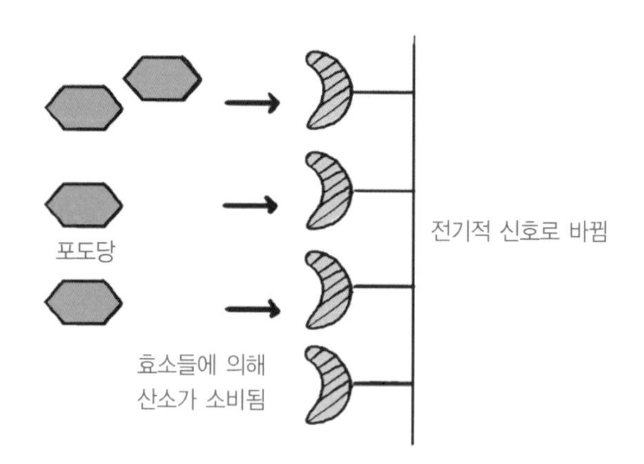

되지요. 이어서 산소량의 변화는 전기적 신호로 바뀌어 모니터에 나타나게 된답니다.

10초 정도면 측정 결과가 나오니 대단히 신속한 측정법이라고 할 수 있습니다. 이렇게 민감하게 반응을 하니 센서라는 말이 붙었겠지요. 감지하는 것이 둔하면 더 이상 센서 노릇을 할 수 없게 되겠지요?

바이오센서에 넣는 막에 어떤 효소를 넣느냐에 따라 혈액 속에 들어 있는 여러 가지 물질을 측정할 수 있습니다. 예를 들면, 혈액 속에 콜레스테롤이 얼마나 있는지도 바이오센서로 측정할 수 있답니다. 원리는 포도당을 측정하는 것과 비슷하지요.

또한 신장의 기능이 어떤가를 측정하기도 합니다. 신장은 주로 혈액 속의 요소를 걸러 내는 일을 하는데, 신장이 고장나면 혈액 속에 요소가 많아지게 됩니다. 그러니까 혈액 속 요소의 양을 측정하면 신장의 기능이 좋은지 나쁜지를 쉽게 알 수 있지요.

바이오센서로 한 가지 물질의 양만 측정할 수 있는 것은 아니랍니다. 다기능 바이오센서라는 것도 있어요. 하나의 바이오센서로 동시에 여러 가지 물질의 양을 측정하는 겁니다. 물론 센서 안에는 여러 가지 효소가 막에 고정되어 있지요.

다기능 바이오센서는 생선의 신선도를 측정할 때 이용되기도 하지요. 생선은 잡힌 다음 비교적 시간이 경과되어야 식탁에 오릅니다. 그렇기 때문에 얼마나 신선한 생선인가를 따지게 되는 것이지요. 생선을 잡은 후 시간이 경과하면 각 시간대에 따라 많이 나타나는 물질이 있습니다. 몸 안에 남아 있는 효소의 작용 때문이지요. 가장 많은 물질의 양을 측정하여 비교하면 생선이 얼마나 신선한지를 알 수 있답니다.

생물 반응기

생물 반응기는 붙잡아 놓은 효소를 이용하여 필요한 물질을 계속해서 만드는 장치입니다. 옆의 그림을 보세요. 통의 벽에 효소를 쭉 붙잡아 놓고 기질을 넣는 거예요. 그러면 효소가 기질을 변화시켜 원하는 물질이 계속해서 나오게 됩니다. 효소가 벽에 붙어 있으니 효소는 계속 작동을 할 테지요.

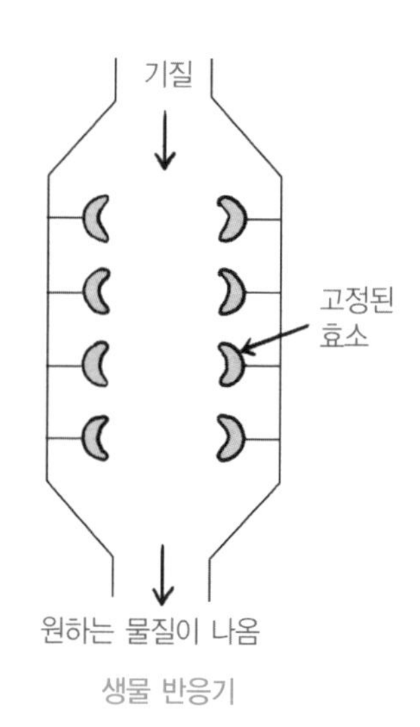

생물 반응기

예를 들어 볼게요. 생물 반응기의 안쪽에 아밀라아제를 고정시켜 놓는 거예요. 그런 다음에 녹말을 집어넣어요. 그러면 계속 엿당이 생겨나게 되지요.

효소를 이용한 생물 반응기만 있는 게 아니라 미생물을 고정시켜 놓은 생물 반응기도 있답니다. 미생물이 직접 작용하여 필요한 물질을 만들도록 하는 거지요.

고정된 효소를 의료에 이용하기

바이오센서와 생물 반응기는 모두 효소를 붙잡아 놓고 이용하는 방법이지요. 마찬가지로 치료에도 고정된 효소를 이용할 수 있답니다.

예를 들어, 오줌을 만들어 내는 신장이 고장 났다고 해 봅시다. 신장이 고장 나면 혈액 속에 노폐물이 많아지지요. 신장은 혈액 속 노폐물을 걸러 내어 깨끗하게 하는 여과기와 같거든요. 혈액 속에 있는 대표적인 노폐물은 바로 요소입니다. 신장이 고장 나면 요소를 비롯한 노폐물을 걸러 낼 수 없기 때문에 문제가 생기는 것이지요.

여러분, 인공 신장이라는 말을 들어보았나요? 인공 신장이

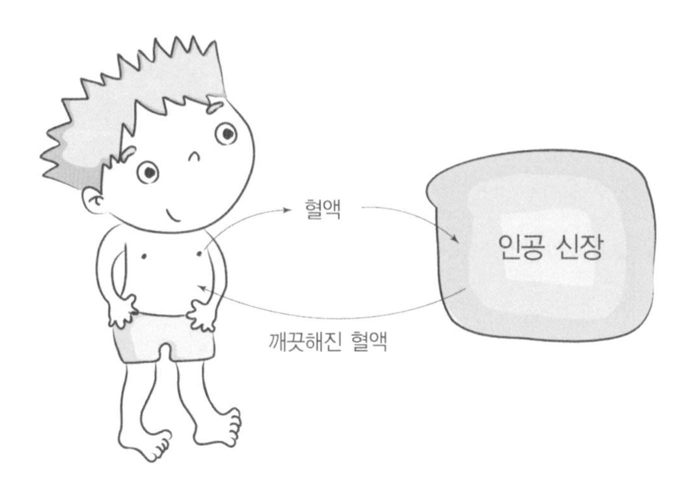

란 사람이 만든 신장입니다. 혈액을 뽑아내어 밖에서 노폐물을 제거한 다음 다시 몸 안에 넣어 주는 장치랍니다.

이것은 인공 신장에다 혈액이 지나가는 곳에 요소를 분해하는 효소를 붙여 놓는 거예요. 그러면 요소를 더욱 신속하게 분해할 수 있을 테고, 환자도 오랫동안 인공 신장기 옆에 있어야 할 필요가 없어지겠지요.

고정시킨 효소를 이용하는 것은 인공 신장뿐만이 아니랍니다. 우리 몸에 필요한 효소가 없을 때에도 이용할 수 있지요. 인공 신장과 같은 원리로 말이죠.

또한 이런 방법도 있어요. 조그만 캡슐에 효소를 고정시켜 몸 안에 넣는 거예요. 그러면 효소가 작용을 하여 기능을 하게 됩니다. 이렇게 효소를 붙잡아 놓고 이용하는 방법은 그 응용 범위가 넓답니다. 어떻게 이용하면 좋을지 상상력을 발휘해 보세요.

만화로 본문 읽기

오늘은 건강을 진단하거나 유용한 물질을 만드는 데 효소를 이용하는 방법에 대해 알려 줄게요.
의학 분야에 효소가 이용되는 경우 말씀이시죠?
응급실
내과

네. 먼저 당뇨병은 혈액 속 포도당 농도가 높아지는 병이에요. 심하면 다리가 썩어 잘라야 하는 경우도 생기지요.
저도 들어본 것 같아요.

그래서 건강 검진을 할 때 혈당량을 측정하는데, 이때 '바이오센서'를 이용하지요. 바이오센서 안에는 포도당을 산화하는 효소가 막에 고정되어 있어요.
'바이오센서'요?
바이오센서 (biosensor) =
생물적 (bio) + 감지기 (sensor)

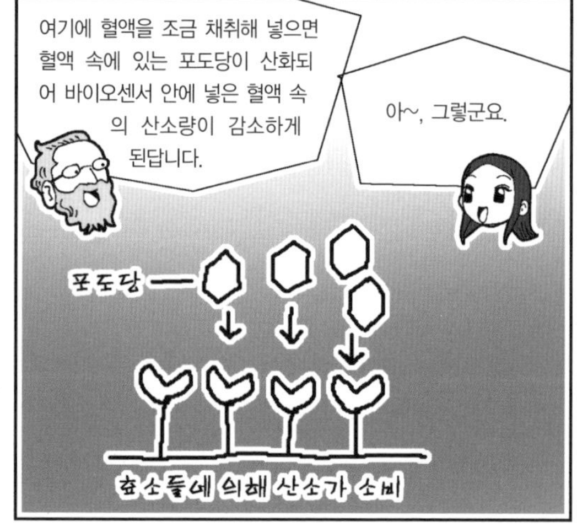

여기에 혈액을 조금 채취해 넣으면 혈액 속에 있는 포도당이 산화되어 바이오센서 안에 넣은 혈액 속의 산소량이 감소하게 된답니다.
아~, 그렇군요.
포도당
효소들에 의해 산소가 소비

이어서 산소량의 변화는 전기적 신호로 바뀌어 10초 정도면 측정 결과가 모니터에 나타나지요.
바이오센서 막의 효소에 따라 혈액 속에 들어 있는 여러 가지 물질을 측정할 수 있나요?
효소에 의해 산소가 소비
104
피
전기적 신호로 바뀜

네. 포도당 측정 원리와 비슷하게 혈액 속 콜레스테롤의 양도 측정하고, 요소의 양을 측정하면 신장의 기능의 상태를 쉽게 알 수 있어요.
효소를 이용하는 방법은 정말 다양하네요.

열두 번째 수업

효소와 유전 공학

효소는 유전 공학에 어떻게 이용되나요?
유전자와 DNA의 관계를 통해 유전 공학에 대해 알아봅시다.

12

열두 번째 수업

효소와 유전 공학

교과 연계	
초등 과학 5-1	1. 식물의 잎이 하는 일
초등 과학 5-2	8. 에너지
중등 과학 1	7. 상태 변화와 에너지
중등 과학 1	8. 소화와 순환
고등 생물 II	1. 세포의 특성

퀴네가 유전 공학의 정의를 이야기하며 열두 번째 수업을 시작했다.

여러분, 유전 공학이란 말 들어보았지요? 유전 공학이란 유전자를 조작하여 필요한 물질을 만들어 내는 기술입니다. 물론 더 복잡한 의미가 있지만요. 유전 공학을 이해하려면 먼저 유전자와 DNA의 관계에 대해 알아야 합니다.

유전자와 DNA

유전자가 무엇인지를 먼저 이야기해 보지요. 유전자란 세

포 안에서 이러이러한 물질을 만들라고 명령을 내리는 암호랍니다. 물론 세포는 그 암호를 읽어 내는 능력이 있지요. 그런데 그 암호는 바로 DNA에 입력되어 있습니다. 이건 마치 우리가 USB에 정보를 입력해 놓는 것과 비슷하다고 할 수 있지요. 정보는 유전자이고 USB는 DNA라고 생각하면 됩니다.

하나의 DNA에는 많은 유전자가 담겨 있답니다. 수천 개의 유전자가 하나의 DNA에 들어 있지요. 세포는 필요할 때마다 그 암호를 읽어 내어 세포가 요구하는 물질을 만듭니다. 이제 DNA와 유전자의 관계를 어느 정도 이해했지요?

그러면 한 가지 질문을 해 보지요. 만일 DNA의 일부를 잘라서 다른 DNA에 붙이면 어떻게 될까요? 이를테면 사람의 DNA를 일부 잘라서 세균의 DNA에 붙이면요? 아까 유전자

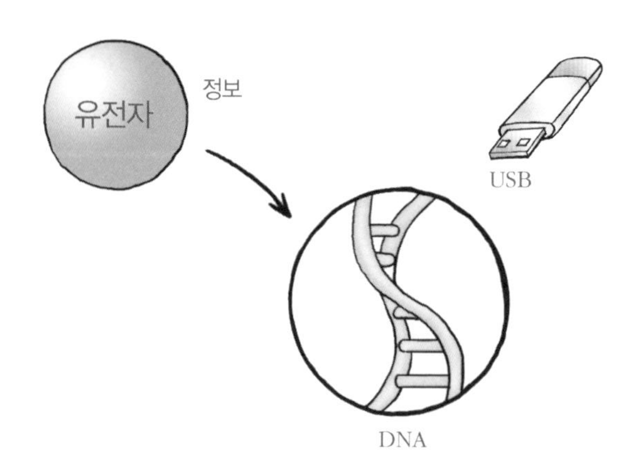

가 무엇이라고 했지요? 어떤 물질을 만들라는 암호라고 했지요. 자, 그러면 사람의 DNA를 잘라 세균에 넣으면요? 세균 속에서 사람의 몸이 만드는 물질을 만들 수 있게 된답니다.

만일 사람 몸속에 생기는 중요한 물질이 있다고 해 봅시다. 그런데 어떤 사람은 이 물질이 잘 안 생겨요. 그러면 병이 나지요. 이런 사람은 이 물질을 밖에서 넣어 주는 수밖에 없어요. 그러면 이 물질을 어떻게 만들 수 있나요? 이 물질을 만들 수 있는 사람의 DNA를 세균에게 넣어 주는 것이지요. 그러면 세균이 이 물질을 만들어 준답니다. 이러한 방법에 효소가 이용되는 것이지요.

DNA를 자르고 붙이기

방금 DNA를 잘라 붙인다는 말을 했지요? 여러분들이 미술 시간에 종이를 잘라 붙일 때 무엇이 필요하던가요? 가위와 풀이 필요하지요. 마찬가지랍니다. DNA를 잘라 붙일 때도 가위 노릇을 하는 효소와 풀 노릇을 하는 효소가 필요하답니다.

참으로 놀랍게도 우리 인간은 DNA를 자를 수 있는 효소를

발견했습니다. 이 효소는 원래 세균이 바이러스로부터 자신을 보호하기 위해 가지고 있던 효소인데, DNA의 특정 부분을 잘라 내는 성질을 가지고 있답니다.

자, 다음의 그림을 보세요. DNA가 기다란 끈처럼 되어 있지요? 이것을 잘라 내는 효소를 제한 효소라고 한답니다. 결국 DNA를 잘라 내었을 때 그 안에 있는 유전자 암호도 같이 잘라지는 거랍니다.

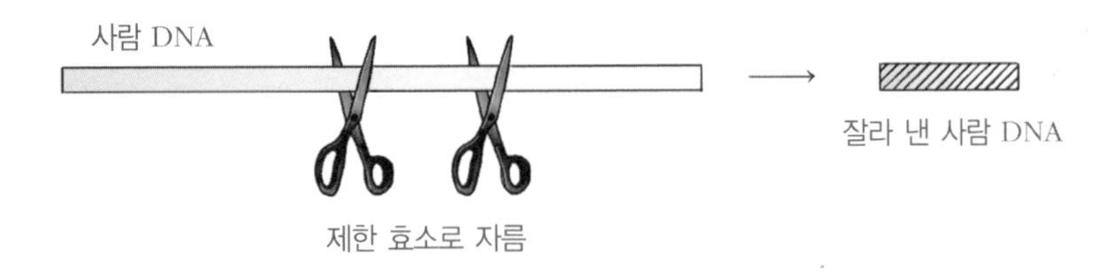

만일 잘라 낸 DNA 안에 혈당을 낮추는 인슐린을 만드는 유전자가 있다고 해 봅시다. 그러면 인슐린 유전자도 같이 잘라져 나오는 거지요.

그럼 잘라 낸 DNA를 어떤 DNA에 붙일까요? 세균 DNA에 붙입니다. 이때 무엇이 필요하다고요? DNA를 붙이는 풀이 필요합니다. 여기서 풀 노릇을 하는 효소를 DNA 연결 효소라고 하지요. 그럼 다시 한 번 정리해 볼까요?

DNA를 자르는 효소 : 제한 효소

DNA를 연결하는 효소 : 연결 효소

DNA를 세균에 넣어 주기

세균에는 큰 DNA와 작은 DNA 2가지가 있답니다. 작은 DNA는 고리 모양으로 생겼지요. 작은 DNA를 세균에서 꺼냅니다. 그런 다음 고리의 한쪽을 제한 효소로 자릅니다. 그런 다음 잘라 낸 사람 DNA를 DNA 연결 효소를 이용하여 다음에 나오는 그림처럼 세균의 DNA에 연결하여 다시 고리를 만들어 줍니다. 그리고 다시 세균에게 이 DNA를 넣어 주는 것이지요.

그러면 어떻게 될까요? 세균은 마구 분열하는 성질이 있습니다. 세균이 분열함에 따라 고리 모양의 DNA도 자꾸 많아지게 되지요.

만일 세균에게 넣은 사람의 DNA가 인슐린을 만드는 DNA라고 해 봅시다. 그러면 세균이 수백, 수천만 마리로 분열하면서 인슐린을 만들어 냅니다. 그러면 세균 안에 있는 인슐린을 모아서 사람이 이용하는 거지요.

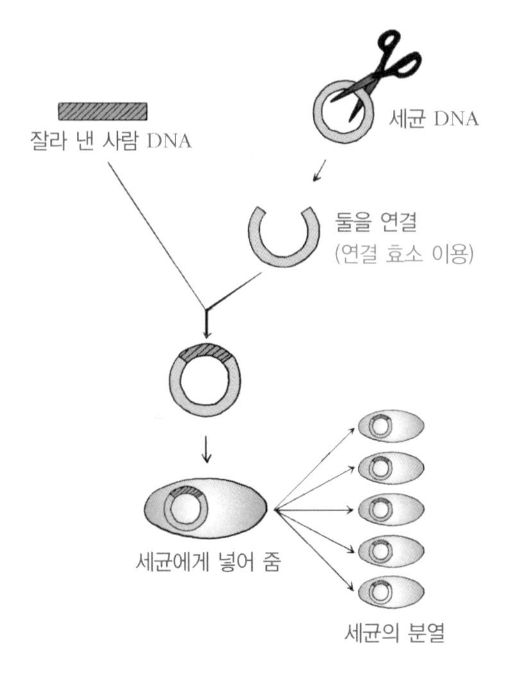

다시 한 번 정리해 볼까요?

사람의 인슐린 DNA를 잘라 낸다.

세균의 작은 DNA를 꺼내어 한쪽을 자른다.

인슐린 DNA와 세균 DNA를 연결한다.

만든 DNA를 세균에게 넣어 준다.

세균이 분열한다.

넣어 준 DNA도 따라서 많아진다.

넣어 준 DNA가 세균 안에서 인슐린을 만든다.

다량으로 인슐린을 만들 수 있다.

여기서 잠깐 우리가 한 얘기를 다시 상기시켜 봐요.

지난 시간에 효소를 붙잡아 놓는다고 했지요? 그러면 붙잡아 놓을 효소는 어디서 구하나요? 바로 세균을 이용하는 거예요. 어떤 효소를 만드는 유전자가 들어 있는 DNA를 잘라서 세균에게 넣어주는 거지요. 그러면 효소를 다량으로 만들 수 있답니다.

빛나는 나무 만들기

밤에 가로수가 빛나면 어떨까요? 낮에는 푸른 나무가 거리를 아름답게 하지만 밤에는 반딧불이가 거리를 밝게 빛나게 합니다. 여러분들은 반딧불이를 본 적이 있나요? 요즈음에는 시골에서도 보기 어려워졌답니다. 농약 때문이지요. 반딧불이는 반짝반짝 빛납니다. 그 이유는 반딧불이의 뇌에서 이것을 조절하기 때문이랍니다. 이런 조절을 하지 못하는 애벌레는 계속해서 빛을 내기도 한답니다.

뉴질랜드 북섬에 있는 한 동굴의 천장에는 수많은 반딧불이 애벌레가 있어서 빛을 낸답니다. 꼭 밤하늘의 별을 보는 것처럼 신비롭지요. 동굴 바닥에는 물이 고여 있어 관광객들이 배를 타고 가면서 천장을 바라보게 됩니다.

그런데 반딧불이가 빛을 내는 이유는 루시페린이라는 물질을 갖고 있기 때문이랍니다. 루시페린이 루시페라아제라는 효소에 의해 분해될 때 빛이 나는 것입니다.

여기서 여러분들의 상상력을 발휘해 보세요. 어떻게 하면 빛나는 나무를 만들 수 있을까요? 루시페린과 루시페라아제를 만드는 유전자가 새겨진 DNA를 찾아내는 거예요. 그런 다음 그 부분의 DNA를 잘라 내어 식물이 처음 생겨나기 시작할 때 세포에 넣어 주는 거지요. 그러면 식물이 자라면서 빛이 날 수 있을 겁니다.

생각만 해도 좋네요. 빛나는 가로수.

이런 식의 응용은 아주 무궁무진하답니다. 세균이 싫어하는 물질을 만드는 유전자를 식물에게 넣어 주면 식물은 병에 걸리지 않고 잘 자랄 테고, 생장 호르몬을 만드는 유전자를 넣어 주면 생물이 잘 자라게 될 겁니다. 이러한 기술의 바탕에는 바로 효소가 있답니다.

하지만 이런 걱정도 있어요. 유전 공학을 잘 이용하면 좋지만 잘못 이용할 수 있다는 거지요. 왜냐하면 유전자를 조작하는 것이니까요. 이런 실험을 하다가 우리가 예상하지 못한 세균이나 물질이 생겨나서 해를 입을 수도 있거든요.

그래서 제한 효소는 아주 위험한 가위랍니다. 마치 어린아이에게 가위를 주는 거나 마찬가지라고 할 수 있지요. 어린아이에게 가위는 아주 재미있는 놀이 기구가 될 수 있지만 다칠 위험도 크지요.

이 가위를 어떻게 쓰느냐에 따라 우리 인간은 행복해질 수도 있고 불행해질 수도 있답니다.

마 지 막 수 업 13

효소와 미래

우리의 미래는 어떤 모습일까요?
효소의 다양한 이용을 통해 이룩하게 될 바이오 시대에 대해 알아봅시다.

13

마지막 수업

효소와 미래

교과연계		
	초등 과학 5-1	1. 식물의 잎이 하는 일
	초등 과학 5-2	8. 에너지
	중등 과학 1	7. 상태 변화와 에너지
	중등 과학 1	8. 소화와 순환
	고등 생물 II	1. 세포의 특성

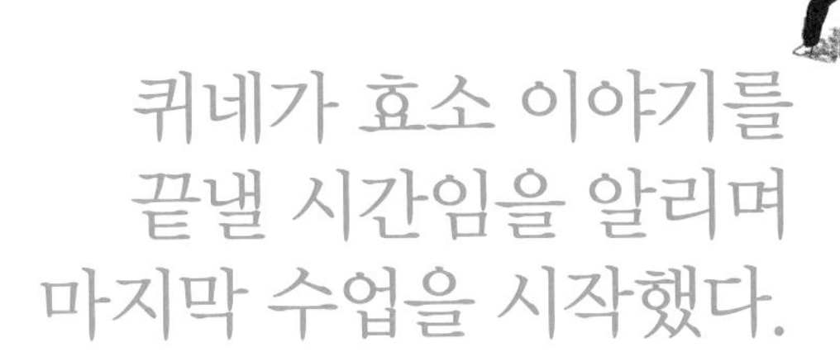

퀴네가 효소 이야기를
끝낼 시간임을 알리며
마지막 수업을 시작했다.

이번 수업에서는 효소와 인류의 미래에 대해 생각해 보도록 합시다. 여러분들은 미래의 주인공이니까요.

건강을 위하여

그동안 효소는 먹을거리나 일상생활에 필요한 것들을 만드는 데 많이 이용되어 왔습니다. 하지만 미래에는 효소가 의료 분야에도 널리 이용될 것입니다. 왜냐하면 우리 몸의 작

용은 모두 효소 덕분에 일어나는데, 현재 우리 인간은 효소를 이용할 줄 알기 때문입니다. 그러므로 인공 장기를 만드는 데 효소를 이용하게 될 것입니다. 우리 몸에 필요한 물질을 만드는 데, 그리고 불필요한 물질을 만드는 데 효소를 이용하게 될 것입니다. 마치 살아 있는 장기가 그렇듯이 말입니다. 지난 시간에 말했던, 신장이 고장 났을 때 요소를 분해하는 데 효소를 이용하는 것은 시작에 불과합니다.

효소는 바이오 시대를 열 것입니다. 바이오 시대의 선봉은 바이오센서가 될 것 같네요. 아주 미세한 변화도 알아차릴 수 있거든요. 그래서 우리 몸에 작은 센서들을 넣는다면 우리 몸의 작은 변화도 알아낼 수 있을 겁니다. 오줌 한 방울이면 우리 몸의 건강을 모두 체크할 수도 있을 것입니다.

바이오센서를 잘 이용하면 우리의 건강을 지킬 수 있을 뿐만 아니라, 우리 몸의 여러 기능을 연구하는 데도 도움이 될 것입니다. 특히 뇌의 연구에 많은 도움을 줄 것이라고 생각합니다. 뇌의 미세한 변화도 센서로 알아낼 수 있기 때문이지요.

물론 아주 작은 바이오센서를 만드는 기술이 먼저 필요하지만요. 뇌의 기능을 연구해 낸다면 인간의 뇌처럼 생각하는 뇌를 만들 수 있겠죠? 앞으로 바이오칩, 바이오컴퓨터가 나올 것 같아요. 자세한 설명은 할 수 없지만, 바이오칩의 우수한 소재로 효소를 생각하고 있답니다.

환경을 맑게

물과 공기도 맑아지게 할 수 있습니다. 공장이 많이 생김에 따라 유독 물질이 많이 생기지요. 그런 것들을 그대로 흘려보낸다면 강물은 금방 오염되고, 물고기는 전멸할 겁니다. 오염 물질을 분해하는 효소를 이용하면 그런 걱정을 줄일 수 있지요. 이미 환경 정화에 효소가 많이 이용되고 있답니다.

요새 이산화탄소가 너무 많아 지구가 더워지고 있다고 합니다. 그래서 이산화탄소를 효소로 제거하는 꿈을 꾸기도 합니다. 식물이 이산화탄소를 잡아들이는 것처럼 말이에요.

식물이 이산화탄소를 붙잡을 수 있는 이유는 효소가 있기 때문이랍니다. 이 효소를 이용하여 거대한 생물 반응기를 만드는 거지요. 그래서 계속 이산화탄소를 제거하는 겁니다. 이와 함께 붙잡은 이산화탄소로 광합성을 하는 겁니다. 그러면 공기를 맑아지게 하면서 식량도 만들 수 있겠지요? 그야말로 일석이조의 효과를 얻을 수 있을 겁니다.

먹을거리도 만들고

재미있는 생각을 해 봅니다. 언젠가는 인간이 만든 효소로 광합성을 할 수 있지 않을까 하는 생각 말입니다. 포도당은 탄소, 산소, 수소로 되어 있습니다. 효소를 이용하여 이 3가지를 포도당으로 만드는 겁니다. 포도당뿐만 아니라 공기 중의 질소와 탄소 등을 이용하여 단백질을 만드는 아미노산도 만드는 겁니다. 그래서 식물이 식량을 만들어 주지 않아도 되는 세상을요.

그러나 지금으로서는 너무 황당한 상상이지요. 그렇게 간단한 일이 아니거든요. 하지만 인간의 상상은 거의 실현되어 왔습니다. 앞으로는 이런 일도 가능할 거라고 봅니다.

인공 효소

여러분들은 지금까지 효소는 우리 몸의 일꾼이며 동시에 그 응용 범위가 아주 넓다는 것을 알게 되었습니다. 하지만 효소가 가지고 있는 약점도 있답니다. 그게 무엇이냐 하면 효소는 단백질이라는 겁니다. 단백질인데 그게 왜 약점이냐

고요? 단백질은 열에 약하다고 했지요. 여러분도 아마 눈치 챘을 것입니다. 그래요, 효소는 단백질이기 때문에 높은 온도에서는 몸이 마구 틀어져서 작용을 못한답니다.

그래서 생각해 낸 것이 바로 인공 효소랍니다. 모양은 효소와 같지만 몸은 단백질이 아닙니다. 인공 효소는 효소와 활성 부위의 모양이 같아야 합니다. 기질과 효소가 모양이 서로 맞아야 되듯이 인공 효소도 기질과 모양이 맞아야 합니다.

이런 효소를 개발한다면 높은 온도에서도 우리가 필요로 하는 물질을 만들 수 있을 것입니다. 아무래도 효소는 단백질인지라 높은 온도에서는 작용을 잘하지 못하기 때문입니다. 효소에 따라서는 비교적 고온에서도 작용을 할 수 있는 것도 있지만 100℃ 이상에서 작용하는 효소는 거의 없습니다.

여러분, 생물 반응기 기억나지요? 생물 반응기로 어떤 물질을 만들려면 넣어 주는 물과 기질의 온도가 높아서는 안 됩니다. 왜냐하면 효소가 높은 온도에서는 작용을 하지 못하기 때문입니다. 하지만 열에 잘 견디는 인공 효소를 이용하여 생물 반응기를 만들었다고 해 봅시다. 온도가 높더라도 작동할 수 있을 겁니다.

이제 효소 이야기를 마칠 시간이 되었어요. 다시 이야기하지만 효소는 생명체가 살아가기 위해 만드는 촉매제랍니다.

효소 없이는 생명체가 존재할 수 없지요. 효소는 무언가를 만들거나 없애는 재주가 있답니다. 이 성질을 이용하면 여러 가지로 유익하게 이용할 수 있다는 것을 지금까지 이야기하였습니다.

앞으로 효소의 응용 범위는 더욱더 넓어질 것입니다. 우리 몸을 위하여 애쓰는 효소가 이제 우리 몸 밖에서도 우리를 위하여 일해 주는 시대가 올 것 같네요. 효소를 어떻게 이용할지는 우리의 창의력에 달렸다고 봅니다.

왜 창의력이 중요한지 알겠지요. 참신한 아이디어, 우리 인간 생활을 크게 발전시킬 수 있는 아이디어가 여러분들의 창의성에서 나오니까요. 그러니 자기만의 생각을 키워 갈 필요가 있지요. 주어진 책을 보고 외우기만 해서는 경쟁력이 없습니다. 특히 오늘날과 같은 정보화 사회에서는요.

조금 숨 가쁘게 온 것 같기도 하네요. 우리 친구들, 생물 공부 열심히 하세요. 그리고 많이 생각하세요. 아마도 여러분들은 바이오 시대를 살아가게 될 것이며, 바이오 시대의 선봉에 서게 될 것입니다.

과학자 소개

'효소'라는 이름을 처음 사용한 퀴네 Wilhelm Kühne, 1837~1900

우리 몸에서 일어나는 일은 효소가 촉매 작용을 하기 때문입니다. 효소는 그야말로 우리 몸의 일꾼입니다.

독일의 생리학자인 퀴네는 효소라는 이름을 처음 사용한 과학자입니다. 퀴네가 효소라는 말을 처음 사용하기 전에도 소화를 시키거나 물질을 변화시키는 몇몇 물질이 있다는 것이 알려져 있었습니다. 하지만 어떤 물질을 분해하거나 변화시키는 물질, 즉 촉매 작용을 하는 물질이 생명체 안에서 만들어진다는 것을 알고, 이러한 물질을 '효소(酵素, Enzyme)'라 하자고 제안한 이는 퀴네였습니다. '효소'라는 말은 효모 안에 있는 물질이 알코올을 만들어 내는 것에 착안하여 만들어졌습니다.

퀴네는 스스로도 소화 효소에 대한 많은 연구를 하였습니다. 이자에서 분비되어 단백질을 분해하는 효소인 '트립신'도 퀴네가 이름 붙인 것입니다.

퀴네는 효소 연구만 한 것은 아니었습니다. 근육을 이루는 단백질인 미오신을 발견하기도 했습니다. 또한 망막에서 빛을 감지하는 물질인 시홍(로돕신)을 추출해 낸 것도 그의 커다란 업적 가운데 하나입니다. 이처럼 그는 우리 인체에서 중요한 일을 하는 효소나 미오신, 로돕신과 같은 단백질을 발견하는 데 일생을 바쳤습니다.

그는 함부르크와 괴팅겐 및 베를린에서 생리학을 연구하고, 1868년 암스테르담 대학교 교수가 되었으며, 그 후 1871년 하이델베르크 대학교 교수가 되어 생화학을 연구하였습니다.

과학 연대표

언제, 무슨 일이?

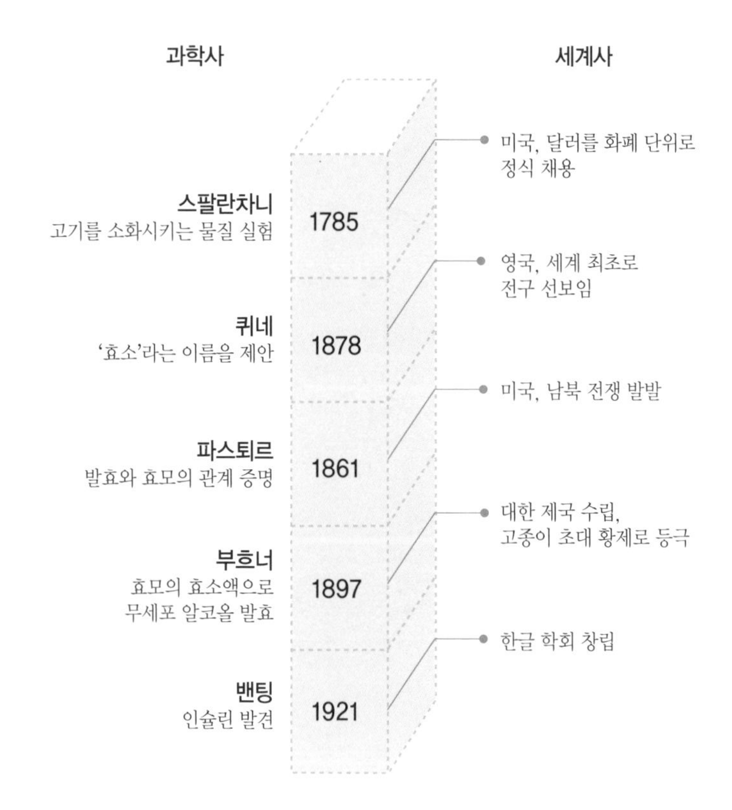

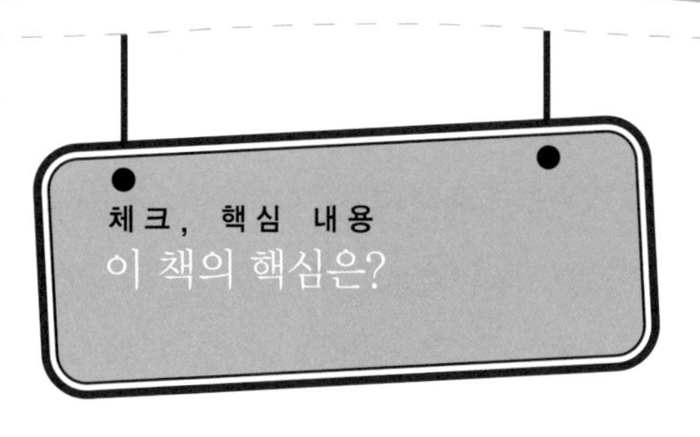

1. 우리 몸에서 일어나는 화학 반응을 □□□□ 라고 하며, 이는 다시 동화 작용과 이화 작용으로 나눕니다.
2. 화학 반응이 일어나려면 에너지 언덕을 넘어야 하는데, □□ 는 이 에너지 언덕을 낮추는 일을 합니다.
3. 효소의 주성분은 □□□ 이며, 효소는 화학 반응 과정에서 □□ 작용만 할 뿐 없어지지 않습니다.
4. 효소와 반응하는 물질을 □□ 이라 하고, 효소를 도와주는 물질을 □□□ 라고 합니다.
5. □□□ 이 우리 몸의 연락병이라면, □□ 는 연락을 받고 일을 하는 일꾼이라고 할 수 있습니다.
6. 식혜는 보리의 싹에 있는 효소 □□□□□ 를 이용하여 만드는데, 이 효소는 녹말을 엿당으로 분해하는 효소입니다.
7. 우유를 잘 소화시키지 못하는 사람은 □□ 을 분해하는 효소가 없기 때문입니다.

1 물질대사 2 효소 3 단백질, 촉매 4 기질, 조효소 5 호르몬, 효소 6 아밀라아제 7 젖당

이슈, 현대 과학

효소를 인공적으로 만든다

효소는 단백질이기 때문에 열에 약한 단점이 있습니다. 그래서 인공 효소를 만들면 효소보다 더 다양한 조건에서 어떤 물질을 만들어 낼 수 있습니다. 현재 인공 효소는 여러 분야에서 만들어지고 있습니다.

예를 들어, 이화여자대학교 남원우 교수는 '사이토크롬 P450'이라는 인공 효소를 만들었습니다. 이 효소는 산화 효소의 일종이며, 노화를 억제할 수 있는 효소라 하여 크게 주목을 받았습니다. 우리 세포에서는 활성 산소라는 노화를 촉진하는 물질이 생겨나는데, 이를 억제하는 기능이 있는 효소를 인공적으로 만든 것입니다. 이러한 효소를 잘 활용하면 노화를 억제하는 약으로 개발할 수 있는 것이지요.

체내에서 생긴 노폐물을 땀이나 소변으로 체외로 방출하기 위해서는 물에 녹지 않는 지방 성분인 노폐물을 물에 녹는 형

태로 전환해야 합니다. 따라서 지방 성분의 노폐물을 수용성으로 바꾸는 화학 반응이 체내에서 일어나야 합니다. 이 화학 반응에 관여하는 효소가 바로 산화 효소입니다. 또한 산화 효소는 산소를 활성화시켜 에너지를 생성하거나 노화의 원인이 되는 활성 산소를 제거하는 화학 반응에도 관여합니다. 남성 호르몬을 여성 호르몬으로 변형시키는 데도 중요한 작용을 합니다.

인공 효소는 아직 많은 연구를 필요로 합니다. 효소를 생명체가 아닌 실험실에서 인공적으로 만들기 위해서는 만들고자 하는 효소가 진행하는 화학 반응을 세밀히 알아야 합니다. 그러면 이를 기초로 효소와 똑같은 작용을 하는 인공 효소를 연구 실험실에서도 만들 수 있게 되는 것입니다.

효소는 우리 몸에서 일어나는 모든 화학 반응에 촉매 작용을 합니다. 그렇기 때문에 우리가 원하는 효소를 마음대로 만들어 낼 수 있다면 여러 가지로 활용할 수 있는 길이 열립니다. 특히, 몸 안에서 어떤 화학 반응이 일어나지 않아 생기는 질병을 치료하는 데 아주 효과적일 것입니다. 또한 인체 내에서 만들어지는 물질도 인공 효소로 대량으로 만들어 내어 이용할 수 있을 것입니다.

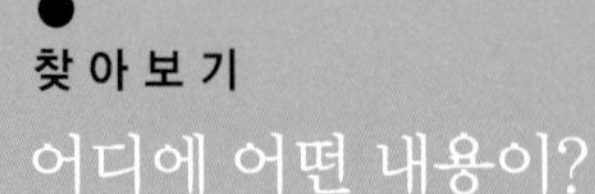

찾아보기

어디에 어떤 내용이?